食料の地理学の
小さな教科書

荒木一視 編 Hitoshi Araki

a little book on
food geography

ナカニシヤ出版

はしがき

「食料の地理学」とは聞き慣れない言葉かもしれませんが、けっして難しいものではありません。あなたの食べたものがなんであれ、それは地球上のどこかでつくられたものです。どこかの田んぼや畑で、あるいはどこかの牧場や畜舎で、収穫されたり飼育されたりしたものがなにやかやを経由して口に入ってきたものです。あるいは、どこかの山林で採集されたり、どこかの海や川や湖沼で釣り上げられたものかもしれません。いずれにしてもあなたの食べたものは地球上のどこかで生産・獲得されたものなのです。となると、地理学者は地図のうえに二つの点を打ちます。一つはその食料が生産・獲得された場所、もう一つはその食料をあなたが口に入れた場所です。そしておもむろにこの二つの点を結んでみます。そこから食料の地理学がはじまります。

結びつけられた二つの点から、何がみえてくるでしょうか。遠い？　近い？　もちろんそれも大事なことです。線は太い？　細い？　それは直線？　あるいは何か途中に介在しているの？　線ははっきりとみえていますか？　みえている線は偽物の線ではありませんか？　いろんな話がここからはじまります。それが食料の地理学です。「あなたの食べたものがなんであれ、それは地球上のどこかでつくられたものである。どこかの田んぼや畑で、あるいはどこかの牧場や畜舎で、収穫されたり飼育されたりしたものがなにやかやを経由して口に入ってきたものです」といいました。その「なにやかや」って、いったいどうなっているのでしょうか。それも食料の地理学です。あるいは見方を変えると、あなたが何かを食べた場所は地図上には一つの点として示されますが、その点につながっている点は一つとは限りません。私たちは日々の暮らしのなかで、一種類の食材のみを食べているわけではないからです。そう考えてみれば、無数の点があなたの口の中につながっているということを想像するのも（ちょっと気持ち悪いけれど）、難しいことではないでしょう。逆にどこかの田んぼや畑でつくられた農産物も、たった一つの目的地にのみ送られるのではなく、これもまた無数に広がる市場に向けて送り出されていることを想像することも難しくありません。そこには

フードチェーンを想像してみましょう

網の目のように張りめぐらされた点と線が浮き上がってきます。これをどのように理解したらよいのでしょう。それも食料の地理学です。

このようにして結ばれる二つの点と点をつなぐ線のことを鎖にたとえてフードチェーンと呼びます。このフードチェーンを動かしているもっと大きな仕組み——そこには政府であるとか多国籍企業であるとか、あるいは洪水や旱魃《かんばつ》といった自然環境であるとかも入ってきます——のことをフードシステムといったりもします。地理学者はこれらフードチェーンやフードシステムを地図のうえに描き込んでいきます。さあそこから何がみえてくるのでしょうか。本書ではその醍醐味を伝えることができればと考えています。

食料の地理学の小さな教科書　＊　目　次

はしがき　i

第1章　食料の地理学の基礎　3
1　毎日おいしいものを腹いっぱい食べられることのために　4
2　食料の地理学の使うツール　9
　　――フードチェーンの地理的投影

第2章　フードチェーンの地理的拡大　25
1　フードチェーンのプロトタイプ　27
2　フードチェーンのはじまりと成長　35
3　国家の枠組みを超えて　41

第3章　量の話と質の話　47
1　量の話　48
　　――フードチェーンはどのようにして量を確保してきたのか
2　質の話　54

――フードチェーンはどのようにして質を維持するのか

第4章　食料の地理学の取り組んでいること―――― 67

A　理論的アプローチ

1　フードレジーム論（FR）　69

2　商品連鎖のアプローチ（CC／GCC）　81

3　フードネットワーク論（FN）　87

B　具体的アプローチ

4　貧困と食料　99

5　環境と食料／環境問題と食料　101

6　世界を覆うファストフードと食文化　104

7　食料生産と国家政策　108

8　地域ブランドの先にある地域振興　116

9　食べ物の食べられない／食べない部分の話　125

食料の地理学の可能性あるいは終章――135

1　有事の食料の地理学　136
2　食料の景観論　139
3　そして未知（?）の領域も　140
4　食料の地理学とそいつらの裏側
――おわりに　141

文献と読書案内――もっと食べたい人のために　145

謝辞と執筆者紹介　161

コラム
鼓腹撃壌　32
『乾いて候』　65
スワラージ、スワデーシ　80

食料の地理学の小さな教科書

第1章

食料の地理学の基礎

1　毎日おいしいものを腹いっぱい食べられることのために

　食料とは食べ物のことです。私たちは基本的に毎日食べ物を食べます。一日くらい食べなくても死ぬことはありません。しかし、それが相当期間続くと間違いなく死にます。その意味で食べることは生きることと同義です。あるいは、食料の獲得は人類が人類になる以前から取り組んできた課題ともいえます。ところが、今日の私たちの日々の暮らしのなかでそれらはほとんど意識されることがありません。食べ物は当たり前のように提供されます。でも、ちょっとだけ意識してみてほしいのです。毎日食べている食べ物のことを。食べ物はどうやって提供されているの？

　私たちは想像することができます。この世界のなかには十分な食料を食べられずにひもじい思いをしている人がたくさんいることを。また、そんなに遠くない過去、第二次世界大戦中あるいは戦後の日本でも食料不足が深刻な問題であったことを。あるいは遠い昔には、私たちのご先祖はみずからの食べ物をみずからの手で調達していたことを。食べ物が手に入らないこと、手に入れることがたいへんだったこと、手に入らないかもしれないという危機感のなかで生きていくことを、ちょっと想像してみてほしいのです。

毎日おいしいものを腹いっぱい食べられるということが、ありがたいことだと気づいてほしい。それがあなただけでなく、人類全体にとっても幸せなことだと。幸せってなんでしょう。それは毎日おいしいものを十分に食べられることと言い換えられないでしょうか。必要十分条件ではないけれど、毎日おいしいものを十分に食べられることは人類に共通する幸せだと思います。もう少し付け加えれば、毎日おいしいものを十分に食べられるのがあなただけであってもいいのでしょうか。いいえ、みんなが毎日おいしいものを食べられないといけないでしょう。これが私たちが食料の地理学に取り組む、あるいはこの本を書くにあたっての底流にあるものです。

毎日おいしいものを腹いっぱい食べられることは幸せだ。

いささか享楽的にきこえるかもしれませんが、これが間違いなく食料の地理学の目指すものです。ただし、誤解があってはならないのでもう少し説明を加えましょう。ここには三つの重要な含意があります。「毎日食べられる」ということ、「おいしいものを食べられる」ということ、「腹いっぱい食べられる」ということです。少し難しく言い換えると、「毎日食べられる」ということは安定した食料供給が維持されているということです。「おいしいものを食べられる」ということは食料の品質・安全性が保証されているということです。誰も、腐った食べ物や食べられないものが混じった食べ物をおいしいとは思いません。「腹いっぱい食べられる」ということは食料が不足していないということです。

食料が不足しないこと、食料の品質が保たれていること、安定した食料供給が保たれていること。つまり食料供給における①量の確保と②質の確保と③安定性の確保、これはどれ一つ欠けることも許されません。まず①の食料の量が十分に満たされなければ誰かが飢えることになります。あるいはみんなが飢えることになります。これでは幸せではありません。少なくとも私たちはみんなが満足のいくだけの食料を確保しないといけません。次に②の質の話ですが、十分な量があってもそれが腐っていたり、食べられないものが混じっていたりするとそれはもはや食料とはいえません。食料は私たちが口の中に入れるものです。ヘンなものが入っているものは口に入れることができません。食べられるという品質を満たさないものは食べ物ではありません。すなわち品質が満たされていないということは食料が不足していることと同義になります。そして③の安定性の話ですが、量と質が十分でも、その食料が届いたり届かなかったりではいけません。繰り返しになりますが、私たちは毎日食料を食べます。当たり前のことですが、数日食料が入手できないと死の恐怖がよぎります。パニックが起こります。どんな状況にあっても食料は安定的に供給され続けなければ困るのです。たとえどんな災害が起ころうと、戦争が起ころうと、食料供給は止めるわけにはいかないのです。止めると私たちは死んでしまいます。

逆に、あるいはだからこそ毎日おいしいものを腹いっぱい食べられることは幸せなのです。それではどうやって私たちはその幸せな状態を実現しているのか、実現できるのか。これが食料の地理学が取り組むテーマでもあります。

先に書きましたが、世界中を見渡したとき、毎日おいしいものを腹いっぱい食べられない状況に置かれた人たちが少なからずいます。あるいは遠い過去、近い過去、はたまた中くらいの過去を振り返ったときにも毎日おいしいものを腹いっぱい食べられなかった歴史がありました。あるいは自分の足下をみてください。はたして私たちは毎日おいしいものを腹いっぱい食べているのでしょうか。偏った栄養と素性の知れない化学物質の入った食料を毎日たくさん食べることははたして「毎日おいしいものを腹いっぱい食べている」こととみなせるのでしょうか。

食料の地理学のはじまりです。

いくつかの注記

◆「食料」・「食糧」という言い方があります。同じ意味で使われることもありますが、使い分ける人もいます。すなわち、広く食べ物一般を指す言葉として「食料」、米や麦などの主食を構成するものを「食糧」として使い分けるというものです。この本ではいわゆる食糧の話も食料の話も出てきますが、表記としては食料を採用しています。意味は広く食べ物一般ということです。

◆いささか享楽的、あるいは楽天的な表現にもう少し注記しておきましょう。誰が毎日おいしいものを腹いっぱい食べるのかということを意識してください。けっしてこの本を読んでいるあなただけが食べられればいいというふうには誤解しないでください。私たちの暮らす世界のなかで、どういうわけだか食料は不均等に分布しています（十分に食べられる人がいる一方で食べられない人もいます）。このあとから出てくるフードチェーンの形成もそうした不均等と深く関係しているということもできます。そこから、社会的にも空間的にも自分（たち）が（毎日おいしいものを腹いっぱい）食べるために、他者を犠牲にしてきたという歴史あるいは現状をみることもできます。けっして自分だけが、自分のまわりの人だけが、自分の国だけが、食べられればいいのだとは誤解しないでください。なぜ食べられるのかはなぜ食べられないのかと表裏一体です。それをつなぐのがフードチェーンなのです。

2　食料の地理学の使うツール――フードチェーンの地理的投影

さて、食料の地理学が何を目指しているのか、どのような問題意識が背景にあるのかはおおよそ理解していただいたかと思います。ここでは食料の地理学のアプローチについてお話しします。食料の地理学には独自のツールがあります。「フードチェーンの地理的投影」とでもいうものです。

「フードチェーンの地理的投影」とは何か。まず「フードチェーン」の部分から説明しましょう。フードチェーンとは食料の生産から消費にいたる一連の流れを鎖にたとえたものです。たとえば、昨日の夕食のご飯であっても、どこかの農家の田んぼでつくられて、収穫後出荷されて、農協や流通業者の手を経て、精米され、袋詰めされ、スーパーやお米屋さんの店頭に並び、そしてあなたの家の炊飯器で炊き上げられて食卓に並んだはずです。おかずの魚の煮付けであっても、どこかの海でとれた魚が港に運ばれ買い取られ、あるいは切り身にされ、あるいは冷凍されてスーパーや魚屋さんの店頭に並び、そしてあなたの家のお鍋の中で煮込まれて食

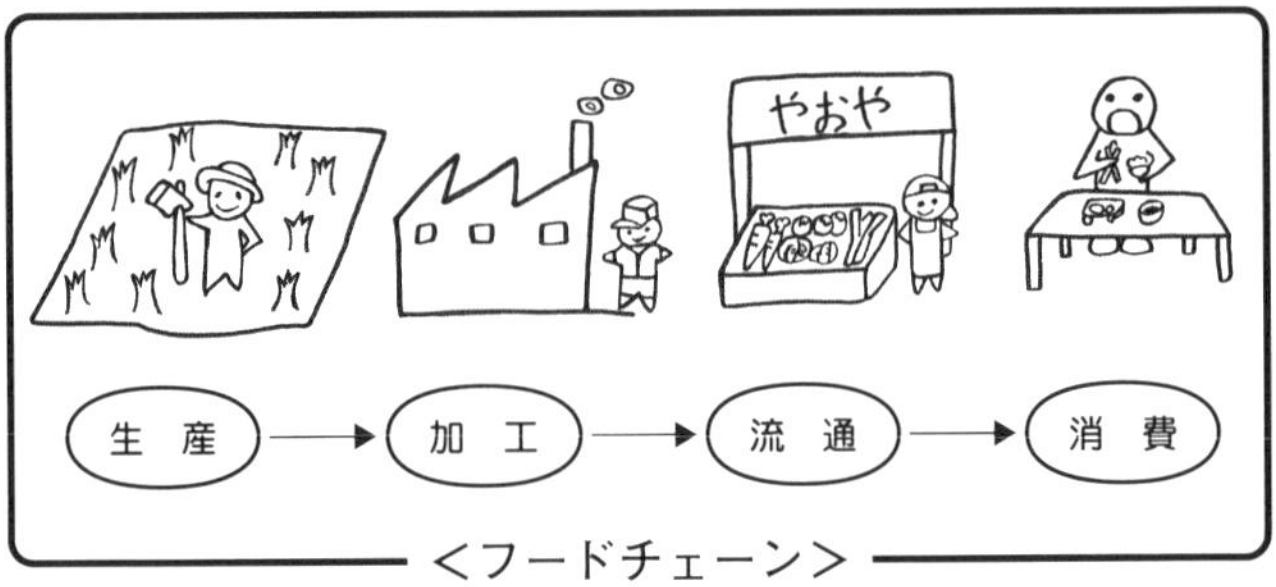

図1－1　フードチェーンとは

卓に並んだはずです。この一連のつながりがフードチェーンです（図1－1）。

また、フードチェーンを大きく分けると生産の部分と加工や流通の部分と消費の部分と分けてみることもできます（あくまで便宜的で厳密なものではないし、それを区分することに大きな意味のあるものでもありません）。ただ、少しややこしいのは農家の田んぼの段階（生産の部分）とスーパーの段階（流通の部分）と消費者の段階（消費の部分）では同じ食べ物であっても呼び方や認識が変わってくることです。たとえば夕べのご飯の場合でも、農家の田んぼの段階では稲（まだご飯にはなっていません）は農産物として扱われます。魚の場合は水産物です。スーパーをはじめとした流通業者やあるいは加工業者などではそれは商品として扱われ、店頭に並ぶときには食材として提供されます。それを買ってきて調理したものが料理となり、食事となります。このつらなり全

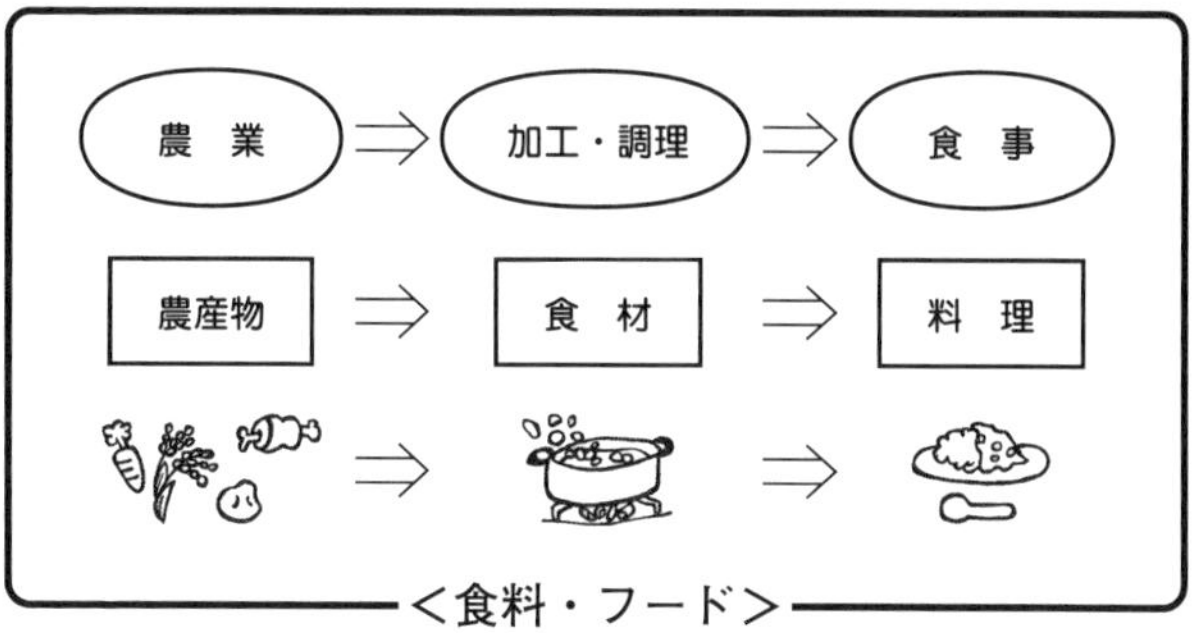

図１－２　食料の地理学の研究対象

体をこの本の対象である食料・フードとして把握しています（図1－2）。その意味で、お皿にのった料理それだけを見て食料の地理学になるわけではありません。その食材がどこの田んぼやどこの海からやってきているのか、までが対象になります。同様に農家の収穫物や漁師の水揚げ、農業や漁業の部分だけが食料の地理学の対象でもありません。それらがどこへ出荷されどこで消費されるかまでを見通したいのです。

食べ物のこと、料理のこと、食材のこと、農業のこと、たしかにどれもみな魅力的な研究対象です。でも、それらの個々についてもっともっと知識をつけてほしい、というのとは少し違います。それらについてたくさんのことを知っているのも悪くありませんが、むしろそれらをどう読み解くのかというツールを身につけてほしいと思います。知識の山、情報の山をさばいて道順をつけていくやり方をです。

農業に注目してそこを深く、あるいは料理に注目してそこを深くというアプローチもあります。もちろん重要なアプローチですし、そこから得られた成果は尊重すべきものです。でも、私たちはそれだけではちょっと満足しません。もっと欲張って、農業とか料理という個別の点ではなくそれらをつなぐ鎖（チェーン）として対象をとらえたいのです。

残念ながらこのフードチェーンという言い方を日本語で表現する適当な言葉がありません。逆に誤解されそうな似たような言葉はいくつかあります。たとえば、フードチェーンというと生態学の用語の食物連鎖（肉食獣が草食獣を食べて、草食獣が草を食べてという）と取り違えられることもありますが、ここでいうフードチェーンは別のものです。あるいは居酒屋チェーンとかハンバーガーチェーンとか食品関係のチェーン店のことをフードチェーンといったりもしますが、それでもありません。フードシステム、商品連鎖、価値連鎖（バリューチェーン）、などといった専門用語もあります。それらについては別に説明を加えますが、ここではよく使われる言葉であるフードシステムとフードチェーンの違いについての説明を加えておきます。

先に述べたフードチェーンの意味でフードシステムという言葉が使われることがあります。もちろんそのような使い方が間違っているというわけではありませんが、本書では次のように区別します。すなわち、米や魚といった農水産物・食材・食品といった具体的な食べ物を媒介としている鎖をフードチェーンとします。他方、このフードチェーンを動かしているいろいろな仕組みがあります。たとえば、農業にかかわっては降水量や気温、土壌などの自然環境が大きな意味をもってきますし、農政などの政策・行政の役割も無視できません。とくに農産物の輸入などの貿易政策が少なからぬ影響力をもってくるケースも容易に想像できます。加えて、流通業者や消費者にとってもさまざまな政策や金融システムあるいは海外との関係は重要な意味をもっています。こうしたフードチェーンにかかわるより広範な仕組みのことをここではフードシステムととらえたいと思います。フードシステムという場合には、食料そのものではなくそれにかかわる社会・経済的なシステムというふうに区別して用います。また、そのほうが、いわゆる社会経済システム（system あるいは shitstem）とフードチェーンを容易に区別することができるからです。（図1－3）

ちょっとした注記

◆shitstem はピーター・トッシュ（Peter Tosh）というジャマイカのレゲエミュージシャンの言葉です。shit（クソ（汚い言葉です））＋system（システム）、これで shitstem（システム）です。意味は社会や経済、政治のシステムということですが、システムによって抑圧されるほうにとってはそれは system ではなく、shitstem だという主張です。フードチェーンを動かす社会、経済、政治などのシス

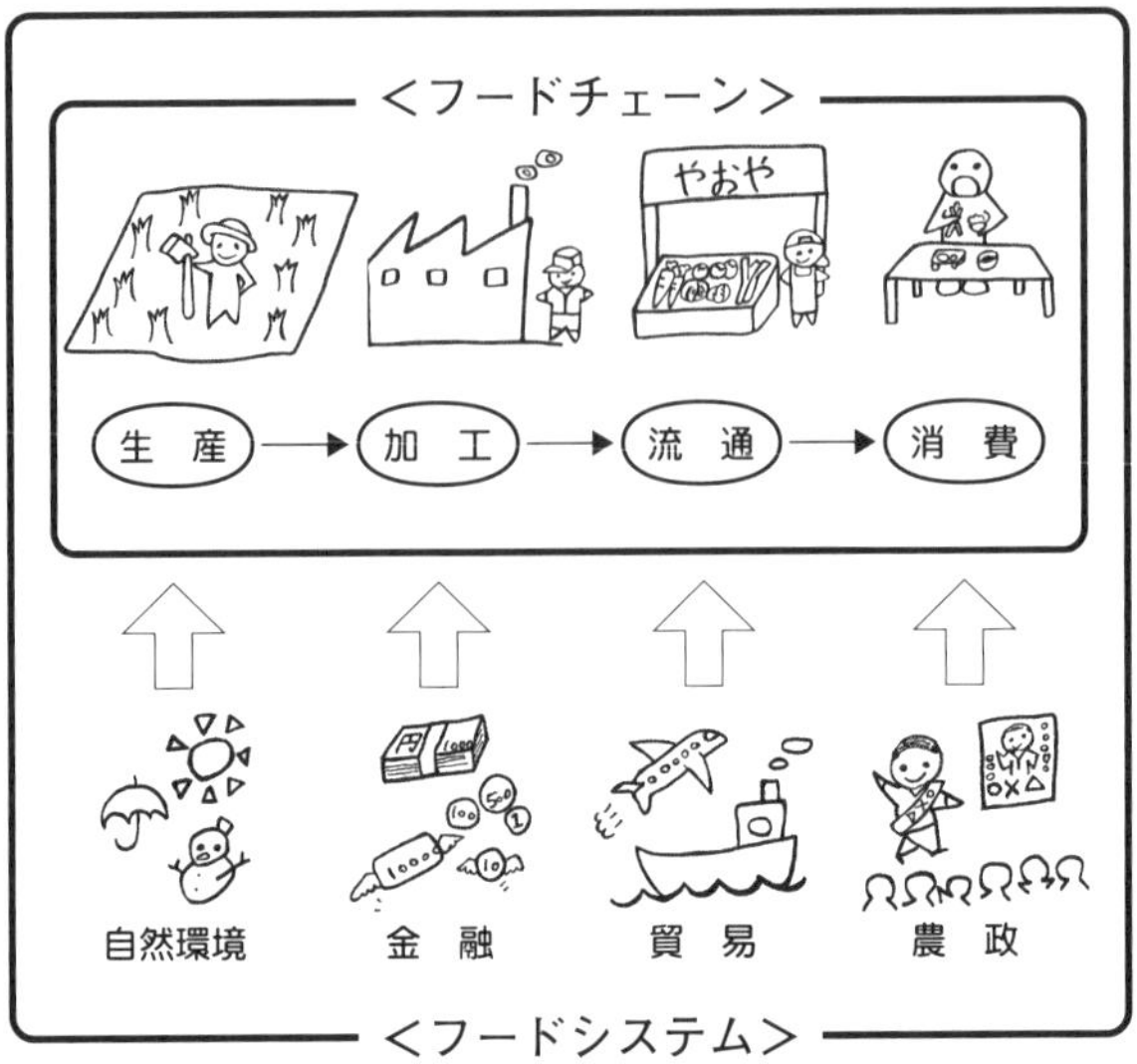

図1－3　フードチェーンとフードシステム
（巻末の文献①をもとに作図）

テムもshitstemかもしれません。

さて、フードチェーンというものがどういうものかわかっていただけたでしょうか。そんなに難しいものではありません。あなたの食べた魚の煮付けとその魚を釣り上げた漁師をつなぐことができれば、それがあなたの食べた魚の煮付けのフードチェーンです。たとえその魚が川魚だろうと海の魚だろうと、日本近海の魚だろうと遠い外国の海の魚だろうと、あるいはお父さんが堤防の先で釣ってきた魚であろうと（その場合はきわめてシンプルで短いものですが）、魚の煮付けのフードチェーンです。同様にご飯であっても、肉であっても、野菜であっても、果物であっても、あるいはお茶であってもコーヒーであっても、牛乳であってもジュースであっても、ビールであってもお酒であっても、うどんであってもスパゲティであっても、カレー粉でもトウガラシでも、砂糖でも塩でも、食べるものならなんでもフードチェーンを設定することができます。

ここで、あなたの食べたものは一つではないはずです。また、その食材の一つひとつにフードチェーンがつながっています。たとえば昨夜の魚の煮付けの晩ご飯の件では、ご飯のチェーンもあるし、魚のチェーンもあるし、付け合わせの野菜のチェーンや味噌汁のチェーンもあります。味噌汁も、味噌のチェーンと豆腐のチェーンとワカメのチェーンと、ダシに使った煮干しのチェーンと……と、きりがありません。でもその一つひとつがそろわないと昨日の夕食にはならないのです。そのチェーンを想像してみることができますか。いまの私たちの食卓は「非常に複雑なフードチェーン」によって構成されているということができます。この「非常に複雑なフードチェーン」がどうしてできあがったかは次章に譲るとして、ここでは、フードチェーンがどんなものか、どんな概念なのかを理解してくれればそれで十分です。

＊　＊　＊

それでは次に「フードチェーンの地理的投影」の「地理的投影」の部分です。ここからが地理学の地理学たるところです。上記のフードチェーン（あるいはフードシステムなど）の概念は、地理学の専売特許ではありません。食品科学や経済学などの分野でもこうした概念を使います。食料の地理学において肝心な点は、フードチェーンを単なる机上の概念として把握するにとどまらないところです。フードチェーンの各部分には、実際にお米をつくったり、精米したり、袋詰めしたり、店頭に並べたり、そして実際にご飯を食べたりといった場所が存在します。実際にそれぞれの場所を地図のうえに落としてみましょう。それにともなって具体的なフィールドが設定されます。観念的なフードチェーンが一気に具体化してきます。たとえば、お米をつくったのがどこどこの誰々で、それをどこどこで誰々が食べている。魚はどの海域で漁獲されてどこで食べられている。魚をとったのは誰で、誰が食べている。同様に、どこでとれたコーヒーとどこでとれた梅干しと、どこでとれたナスを食べている……という具合です（図1－4）。こうすることによって、フードチェーンを地図のうえに描き出すことができます。これがフードチェーンの地理的投影です。

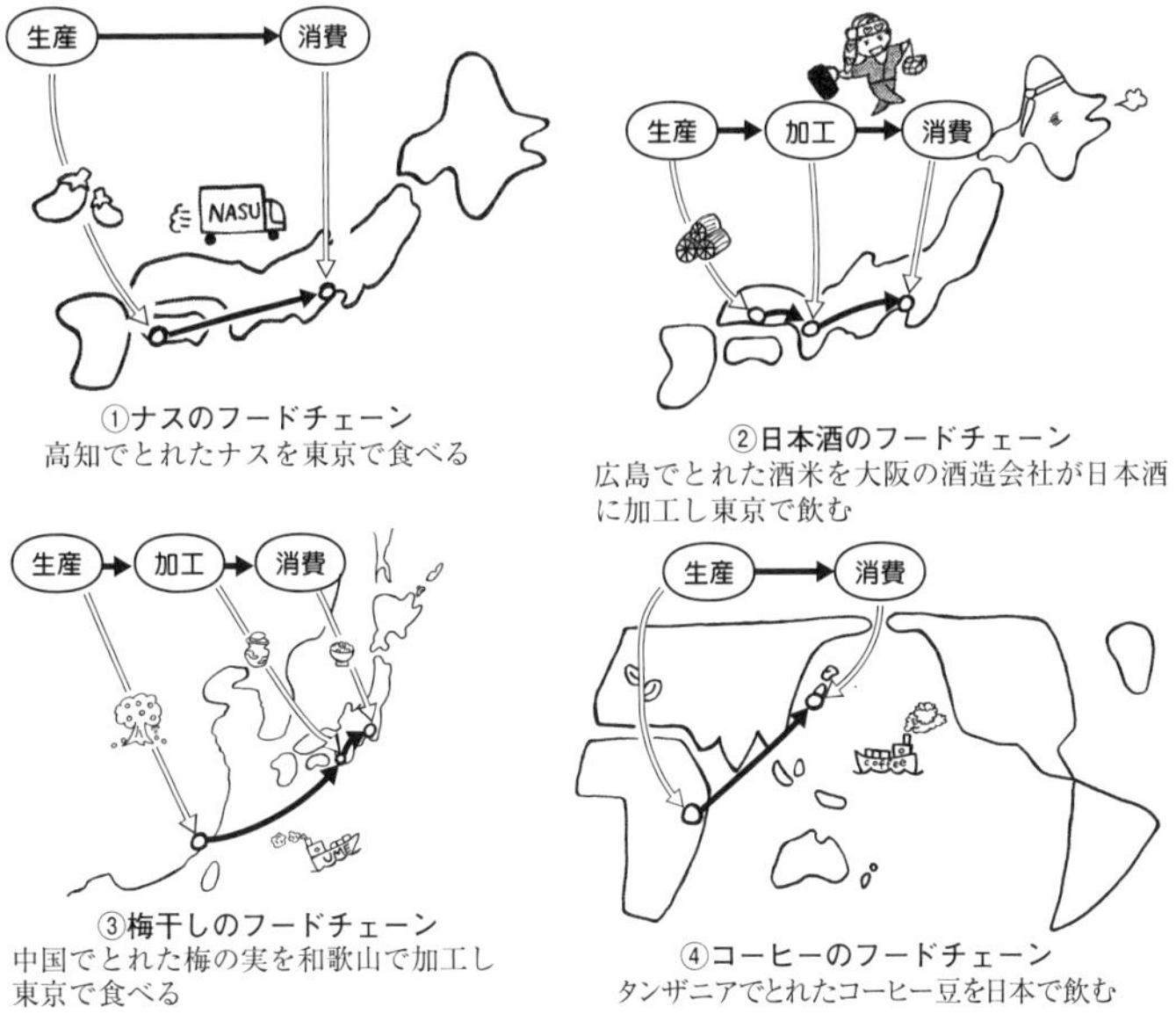

図1-4　フードチェーンの地理的投影

少しやってみましょう。たとえばお父さんが堤防の先で釣ってきた魚を煮付けにして食べた場合、チェーンの一端は堤防の先、もう一端はそれを煮付けにして食べた自宅となります。両方をつなぐと小さなフードチェーンができました（現実にはこんなものをフードチェーンということはありませんが……）。同様に、お父さんの実家からお米や野菜を送ってきてくれた場合も、少しチェーンは長くなりますが、実家の田んぼや畑と自宅を結ぶ線（チェーン）が描けます。ただしこれが、スーパーで買った魚やお米や野菜であった場合（この場合は「商品」となります)、チェーンはもう少し複雑になります。消費した場所としての自宅、購入した場所の小売店、まではわかりますが、その先がどうなっているかは一消費者にはわかりにくいというのが現実です。ただ、商品パッケージなどを見ると○○産の野菜であるとか、どこの工場で加工されたものであるとかの多少の情報は手に入れることができます。それだけでも、チェーンの大ざっぱな輪郭はみえてきます。それらの「商品」はお父さんの釣った魚やお父さんの実家からのお米よりは複雑で、より長いチェーンとなるでしょう。あるいは、外国で生産や加工された食品である場合も少なくありません。チェーンはもっと長くもっと複雑になってきます。

この長く複雑になったチェーンにかかわるお話は次章以下に詳しく出てきますが、ここではチェーンの地理的投影が主題です。それについて考えてみましょう。たとえ、実際のチェーンがどんなに長く、複雑であったとしても、理念的には冒頭の図1－1「フードチェーンとは」に示した枠組みでとらえることができます。

ご飯の場合には、お米をつくった田んぼがどこかにあります。お父さんの実家かもしれませんし、同じ町内かもしれません。あるいはよその都道府県かもしれませんし、新潟県の魚沼というところかもしれません。あるいはまた、外国の田んぼでとれたお米かもしれません。同様におかずの野菜などもどこかの畑でとれたものですし、魚はどこかの海や川あるいは湖で漁獲されたもの（もしかしたら養殖かもしれませんね）、海苔はどこかの海岸で、シジミもどこかの川か湖でとれたものでしょう。また、牛肉や豚肉などの肉類はどこかの牧場や飼育施設でとれたものですし、牛乳もどこかの牧場や畜舎で採乳されているわけです。あるいは量的には多くなくてもイノシシ肉やキジ肉など、実際に猟師さんがハンティングして入手したものもあるでしょう。いずれにしても生産された場所や漁獲された場所、あるいは狩猟・採集された場所があります。

で、食べた場所（消費した場所）はあなたの自宅とかレストランとかになるわけです。ここで、生産された場所と消費した場所が直結する場合はそれでいいのですが（たとえばお父さんの実家でとれたお米を送ってもらって自宅で食べる）、現在のフードチェーンはそんなにシンプルではありません。どこかの田んぼでとれたお米は農協などの集荷場に集められ、あるいは商人が買い付けをして、どこかで精米され、どこかで袋詰めされ、スーパーの店頭に並んでいるわけです（消費者の多くはそれらの過程を知ることもなく、パッケージの情報のみを頼りに購入します）。同様に牛乳も搾乳された場所から直接消費者の手にわたるわけではありません。殺菌されたりパック詰めされたりする工場を経由しています。また、私たちはその工場から直接牛乳を買うわけではありませんので、工場からさらにまた流通業者や小売店の手を経て消費者に届けられていることになります。もちろん、ご飯や牛乳だけではなく、その他のあらゆる食べ物が同様の複雑な経路をたどって消費者の口に入っているのです。もちろん、そんなことはわかりきったことです。でもここでそれをあえて書くのは、そのような現実を意識的にとらえてほしいからです。

いずれにしても生産された場所があり、加工されたり売買されたりする場所があります。この場所と場所、実際の場所と場所を明らかにしてつないでいくこと。そこからいろいろなストーリーを紡ぎ出していくことが食料の地理学です。どんな話が紡ぎ出せるのかの具体例は第4章に出てきます。ここではまず、フードチェーンの地理的投影（理念的なチェーンを実際の地面《フィールド》のうえに確認すること）を理解してください。

いくつかの注記

◆農業の話をすること、酒造会社やパン工場などの食品加工業の話をすること、あるいは食品スーパーや農産物卸などの流通業の話をすること、あるいはハンバーガーチェーンなどの外食産業やお総菜コーナーなどの中食産業の話をすること、いずれも食料の地理学の対象といえば対象となります。しかし、それらを取り上げるからといって食料の地理学とはなりません。何を目的にどういうツール・アプローチを使っているのかに留意する必要があります。

農業経済学や農学、食品学や栄養学、食料を対象にしたさまざまな学問分野があります。これらの分野とも関係がないわけではありませんが、アプローチが違います。各事象の地理的な投影という観点が意識されているかされていないかというところに大きな違いがあります。

一方、従来の地理学には農業地理学や工業地理学あるいは商業地理学などの分野があり、独自の問題意識や方法論を蓄積してきました。また、都市地理学や農村地理学というのもありますし、人口地理学という分野もあります。食料の地理学というのはこれらのいずれとも重なりますが、いずれとも同じではありません。食料にかかわる事象の地理的な投影を対象にしているという点では重なっていますが、チェーンの地理的な投影という面ではどの分野とも異なります。特定の事象という点を地理的に投影させ、その点と点をとりまくさまざまな環境（自然環境、経済環境、社会環境、歴史環境……）との関係を研究の対象とするアプローチは多くありました。しかし、チェーンという線、点と点をつなぐ線を地理的に投影させてそれを研究対象とする試みはけっして多くはありませんでした。逆に「都市システム」とか「空間的分業」とかのアプローチのほうが、フードチェーンの考え方と近似しているともいえます。

ちなみに「食料の地理学だ！」と声高に叫んだところで、学会では誰も相手にしてくれません。それは心の叫びにとどめておいて、ディシプリン（学問分野）や専門領域などあまり気にせずに、フードチェーンという道具を使って食料研究に取り組んでいただければ、著者としてもっともうれしいところです。

◆食にこだわりがあるという人は少なくないでしょう。珍しい食材やエキゾチックな料理のレシピをたくさん知っている人も少なくないでしょう。こんな特別な料理を食べたことがあるとか、こんな珍しい料理を食べたことがあるとか。また、この食材はどこのものがいいとか、穴場はどこだとか。こうした食に関するうんちくは楽しいものです。あるいは地理学といえば、ガンジス川の上流では小麦、下流では米とか、コーヒーはブラジル、カカオ豆はコートジボアール、アッサム地方の紅茶、フィリピンのバナナ、などなどの勉強をしたという人もいるでしょう。こうしたその土地土地の特産物をたくさん知っていることも悪くありません。

しかし、この本ではそうした食にまつわる知識の話はいっさい出てきません。食に関する知識や情報は本屋さんであれ、インターネット上であれ、溢れかえっています。この本ではむしろそうした溢れかえる食に関する知識や情報をどのように操って、どのように考えたらいいのかという指針を示すことを目的にしています。食に関する知識や情報ではなく、それらをどのように料理したらいいのかという「調理法」に関する本です。食料の地理学は、グルメとか食通といわれるものの話ではありません。それが重要ではないとはいいませんが、「食」をそれだけの議論に矮小化しないでほしいと思います。

「神は細部に宿る」といいますが、けっして細部にのみ宿るわけでもありません。大局を見渡しているのもまた神です。重箱の隅にまでこだわることはすごいことです。でもそれだけですか。重箱全体はどうですか。隅にこだわりすぎてみえなくなっているところはありませんか。個別の食料や特別な食料にこだわりすぎて、みんなが毎日食べている食料がみえなくはなっていませんか。あなたが食べたものも、どこかのお金持ちの食べたすごく贅沢なディナーも、どこかで貧困にあえぎながらも分けあって食べたパンも、個別でばらばらの事象ではなくて、みんなひとつながりのチェーンでつながった全体として見渡してほしいのです。

◆鉛筆はみんなが使える字を書くツールですが、同じ鉛筆を使ってもみんな同じ字を書けるわけではありません。同じ鉛筆を使っても書く字は人それぞれです。食料の地理学のツールも使う人によって、どんなふうにも使うことのできるツールであればいいなと考えます。

第2章

フードチェーンの地理的拡大

図２−１　屋根にのぼってぐるりを見渡す

「私たちの食べている食べ物はどこからやってきているのか」という問いかけがはじまったのはけっして遠い昔ではありません。つい百年ほど前まで、あるいはところによってはつい数十年前まで、私たちの食べている食べ物は基本的に自分の住んでいる家の屋根に上ってぐるっとあたりを見渡して、目に見える風景のなかから供給されていました（図２－１）。それがいまではすでに示したように、毎日どこで誰がつくったかわからないものを食べています。いつからそんなことになったのか、この章ではそうしたフードチェーンの来し方を少し詳しく振り返ってみましょう。大きな枠組みとして、１「フードチェーンのプロトタイプ（原型）」というステージ、２「フードチェーンのはじまりと成長」というステージ、３「国家の枠組みを超えて」というステージを設定しました。

トラフトンさんというカナダの地理学者は三つの農業革命として①農業の発端と拡大（一万年前から二十世紀）、②自給から市場へ（一六五〇年から現在）、③産業化（一九二八年から現在）を示しました（巻末の「文献と読書案内」③参照）。各々の段階の主要な目標は、①では家内食料供給と生存、②では余剰生産と金銭収入、③では単位あたり生産費用の低減とされています。本章の三区分もおおむねこの枠組みをふまえたものです。

1　フードチェーンのプロトタイプ

私たちの食べているものは基本的には狩猟採集か農業以外の手段で手に入れることはできません。これは遠い遠い昔から何も変わっていません。農耕がはじまったのはいくつか学説がありますが、一万年前ともいわれます。家畜をもつようになったのはさらに以前、狩猟採集がはじまったのは人類が人類になる以前からです。そうした時代には自分たちの食べるものは自分たちで手に入れるというのが基本的なスタイルです。狩猟採集、あるいは農業生産、それから食材の加工、そして消費までは基本的に同一の集団の内部で完結していたといえます。同一の集団とはあるいは家族であり、あるいは部族であり、あるいは集落であったかもしれません。いずれの場合にもフードチェーンはその集団の内部で完結していた。もう少しいえばフードチェーンは存在しなかったといってもかまいません。

こうした時代が人類の歴史のなかで長く続いてきたことは容易に想像できるでしょう。もちろん古い時代から香辛料貿易など、長大なフードチェーンが存在していました。また、古い社会のなかにも支配者層や特定の技術者集団など直接農業や漁業に携わらない人たちがいたことも事実です。また、海産物と農産物あるいは林産物との交換など古くから市《いち》が立ち食料の取引がおこなわれてきたことも事実です。しかし、日常的に消費される食料の多くはきわめて限られた空間的な広がりのなかから獲得されていたということができます。

多くはみずからが耕した田畑からとれるお米や麦、イモやマメ、野菜や果物などなどをさまざまな方法で調理し、あるいはさまざまな方法で加工・保存し、それを食べていたということを想像するのは難しいことではないと思います。あるいは近くの川や池や海で魚や貝やカニなどをとったことでしょうし、近くの森や林や山野で山菜や茸をとり、罠や仕掛けで鳥や獣を捕まえたことでしょう。食べ物に限ったことではありませんが、長いあいだ人々はその土地土地にあるものを利用して食料とし、道具をつくり、あるいは建築材料としてきました。それがもっとも効率のよいものでもあったし、とくに腐敗性が大きい食料は長距離を輸送すること自体が困難だったからです。

私たちのご先祖がみずからの食べ物をみずからの手で調達していたことを想像してみてください。家族の食べ物を手に入れるために一人で、あるいは協働して、獲物をとり、田畑を耕し、それを加工し、保管し、調理しながら暮らしていたことを。いまは農業とか、まして狩猟採集なんていうのは遠いお話かもしれませんが、私たちのご先祖はみな農業とか狩猟採集をやって食べ物を手に入れていたのです。こうした特定の地域内で食料の生産と消費までがおおむね完結してしまうような枠組みをフードチェーンの地理的拡大を考えるうえでのプロトタイプとみなすことができます。

田んぼで収穫してきたお米を食べる。川で釣ってきた魚を食べる。畑で引き抜いてきた大根を食べる。裏山で摘んできた山菜を食べる。大根で漬け物をつくる。梅の実から梅干しをつくる。こんにゃくをつくる。味噌をつくる。それらは家族か部族か集落かあるいはムラか、名前は違うかもしれませんが、そうした地理的にまとまった単位のなかでおおむね完結していたのです（図2-2）。フードチェーンの大部分が自分の生活している集落や村落共同体のなかでおおむね完結していた暮らしです。

こうした時代を想像してみましょう。狩猟採集の時代には住んでいるところのまわりから食料を手に入れたというより、食料（獲物）のあるところに住んでいた。食料（獲物）のあると

図2−2　フードチェーンのプロトタイプ（生産者と消費者が同じ人）

ころが変われば住むところも変えていた。「住」の周囲で「食」を得るのではなく、「食」がまずあって、それを追っかけて「住」があった、といえるかもしれません。「住」が定まってそのまわりで「食」を得るのは農耕がはじまってからの話ということもできます。

それでは農業がはじまってからいつごろまでそういう時代が続いたのでしょう。これはそんなに古い時代ではありません。もちろん食べ物の種類や量、あるいは地域的な差異はありますが、世界中のあちこちではそういう暮らしをいまでも続けているところが少なからずあります。また、日本の農村部でも戦後のある時期まではそうした暮らしが続いていました（いまは違いますが）。域外からもたらされる食料がなかったわけではありませんが、それが大きかったわけではなく、農村が食料消費地とみなされていたわけではありません。高度成長期以前の農村部ではなお食料の生産と消費の域内での完結性が高かったといえます（逆に、それ以前からも農村は農作物を域外に出荷していたわけですから集落を生産地としてみたフードチェーンは域外につながっています。ここを間違えないでください）。以上はあくまでも理念的な枠組みです。プロトタイプを考えるうえで、多くの農村において自村消費のお米は自村で生産していたという認識をしてくれればそれでかまいません。例外や厳密なことをいっていてもきりがありません。

無論、プロトタイプの枠組みのなかでは食料だけでなく、それを生産するための道具や肥料、あるいは飼料などもおおむね周囲の自然環境のなかから獲得していました。こうしたやり方は食料輸送のコストやリスクを省けるので、きわめて安全性が高いといえます。冒頭に示したように人間は食べないと死にます。そのことを考えると、他所に依存するよりも自分で自分の食べるものを確保する手段をもっておくということが、食料確保のうえでもっとも信頼性が高いからです。

すなわち、こうした状況を理解するための基本的な命題も「毎日おいしいものを腹いっぱい食べる」ということであり、そのために食料を追いかけまわしていた狩猟採集時代であり、そのために定住し農業をはじめたともいえます。いかにして家族の、部族の、集落のみんなが毎日おいしいものを腹いっぱい食べられるか。それに知恵がしぼられます。生産量を増やすことも大事ですし、よりおいしいもの、栄養価の高いもの、を取捨選択していくことも大事です。同時にいかにして食料確保のリスクを減らすのかも重要です。洪水や日照りの少ない土地に集落を建設し、田んぼの生産性を上げ、農具を改良し、より効率的な生産様式を模索し……さまざまな努力が積み重ねられてきました。いずれもが基本的には集落内の食料生産を向上させることが主要な取り組みです。それが唯一の効果的な「毎日おいしいものを腹いっぱい食べる」ための方法だったからです。

◇コラム　鼓腹撃壌《こふくげきじょう》

鼓腹撃壌という昔話があります。中国の伝説の王様「堯《ぎょう》」が、老人が腹鼓《つづみ》を打ち足を踏みならしながら歌う次の歌を聴いて、世の中が平和に治まっているということを知ったという話です。

日出而作　日入而息　　日出でて作し、日入りて息《いこ》ふ。
鑿井而飲　耕田而食　　井をうがちて飲み、田を耕して食らふ。
帝力何有於我哉　　帝力何ぞ我に有らんや。

普通は「帝力何ぞ」の一節が決めぜりふで、王の力なんか関係ないよ、というのを聞いた堯が、みずからの政治が意識されていないことを知って、治世がうまくいっているとと認識したという話なのですが、「井をうがちて飲み、田を耕して食らふ」ということがまた、鼓腹撃壌（腹鼓を打って、足を踏みならす）する楽しいことだったのでもあります。

いくつかの注記

◆農業と農耕についての区別　農耕といった場合には耕すの意味が含まれますから、田畑を耕す作物栽培を指し、耕さない牧畜などの家畜飼育は含まれません。農業といった場合にはその双方を含みます。また、「農業」といった場合には「工業」とか「商業」と並列する概念として、産業の一形態として認識される場合もあります。この使い方に従うと、本来的には自給的におこなっている田畑の耕作あるいは牛や鶏の飼育は農業ではないことになります。しかし、そうした「自給的におこなっている田畑の耕作あるいは牛や鶏の飼育」を含めた適当な言葉が「農業」以外にありません。そこでこの本でも、自給的におこなっている……ものに対しても「農業」という言葉を使います。「自給的な農業」とか「産業としての農業」といちいち区別してはいませんが、文脈から理解できるようにしたつもりです。同様に前章のフードチェーンの説明に少し出てきた「生産」「流通」「消費」などといった場合にも、経済的なニュアンスが含まれます。すなわち経済活動として商品をつくる行為をもって「生産」、その対義語としての「消費」という具合です。ただし、この本ではそういった経済的なニュアンスから離れて、農耕や狩猟など食べるものをつくったりとったりする行為を「生産」、それらを食べる行為を「消費」としているところもあります。それにあたる適当な言葉が存在しないからです。「需要」とか「供給」も同様です。

◆集落とムラの区別　「集落」とか「村落」とか「ムラ」とかあるいは「共同体」とか、いろいろ言い方があります。「集落」は家屋が集まっているというきわめて地理的、景観的な概念ですし、「村落」や「ムラ」といった場合には社会的、文化的な結びつきや統合性をもったものと理解され、地理的・景観的な集住の形態をともなわなくてもかまいません。しかし、ここではそれらの厳密な違いをどうこういうつもりはありません。地域的に限られた空間を想定できればそれでよいです。では、地域的に限られた空間とは具体的にどのくらいかと？　しつこいですねぇ。それは徒歩で日常的に行き来できる範囲としておきましょう。

2　フードチェーンのはじまりと成長

フードチェーンのプロトタイプの話をしました。いわば域内完結型のフードチェーンです。しかし、それはあくまでもプロトタイプであって一つのモデルです。あえてたとえるならば芽を出す前の種の状態ともいえます。さて、種から芽が出るように、フードチェーンが伸びていきます。

フードチェーンがプロトタイプの枠組みから地理的な拡大を開始するわけですが、明確に何年の何月何日何時何分何秒から切り替わるというわけではありません。世界各地で徐々に拡大していきます。ここでも基本は「毎日おいしいものを腹いっぱい食べる」ことです。それまで集落の枠内で完結していた「毎日おいしいものを腹いっぱい食べる」方法が、それ以外の方法に依存するようになります。それ以外の方法とはすなわち、域内の食料供給能力、生産能力を向上させるのではなく、域外から食料を調達することで「毎日おいしいものを腹いっぱい食べる」ことを実現させるという方法です。この方法が具体化するには一定の条件が必要になってきます。

まずは保存と輸送に関する能力の向上です。そしてもう一つに市場の出現ということがあります。両者は鶏と卵の関係であり、どちらが先でどちらが後というわけではありませんが、とりあえず保存と輸送のお話からはじめましょう。「毎日食べる」ことが重要ですから主要な食料（毎日食べるもの）を輸送に依存すること、とくに遠距離輸送に依存することはリスクが大きいことはすでにふれました。輸送の途中で事故があった場合には食料供給が止まってしまいます。食べるものはなるべく身近でつくることが鉄則でした。また、食料の多くは鮮度が要求されるものですので、あまりに長距離を輸送していると途中で腐ってしまうということが少なくありません。そうしたらもうそれは食料ではありません。

そこで人類は保存ということに知恵をしぼってきました。たとえば、生の魚はすぐに傷んでしまいますが、干物にすれば長期間保存できます。同様に野菜も乾燥させたり漬け物にしたりすれば長期間保存できますし、牛乳もチーズやバターに加工することで同様です。こうした食べ物は世界中いたるところにあります。もちろん、米や小麦などの細粒作物はそのままでも比較的長期の保存ができる農作物です（それら保存できるものを主穀にするということは、リスクを軽減するうえでもきわめて重要な選択であったともいえます）。でも、それにとどまらず、さまざまな種類の食べ物を長期間保存できるように加工の技術をこらしたのです。これによってより安定して「毎日食べる」ことを実現しようとしたのです。

また、長期保存が可能になるということは輸送が可能になるということでもあります。もちろん、輸送のリスク（途中で失われてしまうなど）があるので、保存ができれば輸送できるというわけではありません。しかし、保存できないものは（途中で腐ってしまうので）輸送できませんから、少なくとも保存ができるようになれば輸送の可能性が高くなるということはいえます。もう少しいうと、リスクの低いもの、すなわち「毎日食べる」ものではない食べ物なら、遠距離輸送に頼ることもできます。毎日食べるものは恒常的な輸送の安定性が確保できない限りは、実現できませんが、めったに食べない食料であるとか、代替できるものがある場合には、輸送の可能性が高くなります。入手できればおいしいものを食べられたり、腹いっぱい食べることができますし、万一入手できなくても、死ぬことはないからです。古い時代あるいはプロトタイプの時代においてもこういう条件さえ満たされれば、長大なフードチェーンを有する食料が存在していました（あるいは遠くから輸送されてきたということが食べ物の価値を上げてしまうことにもなります）（第3章「2　質の話」参照）。

加えて、いくら保存と輸送の能力が向上しても、それを必要とする需要がなければ、フードチェーンの地理的な拡大は起こりません。古い時代から長距離の食料輸送が実現していた背景には、少数の支配者層などいわゆる特権階級といわれる人たちの需要があったともいえます。江戸時代、武士は農業に携わっていたわけではありませんが、米で給料が支払われていました。さらに古い時代（租庸調の時代）でも、日本各地から都へと農産物が運ばれた記録があります。おそらくそれは少量だったのでしょうが、需要があれば輸送と保存の取り組みがなされるわけです。時代が下り、分業が進み、都市が成立・拡大し、需要が大きくなれば その量も大きくなります。江戸時代には大量の米が東北地方や西国から江戸や上方へと運ばれていたわけです。それなしには当時世界最大といわれた江戸の人口を支えることはできなかったともいえます（逆に輸送の困難な野菜類の産地は古くから都市の周辺に形成されました。京都の九条ネギ、賀茂ナス、東京の千住ネギ、練馬ダイコンなどなどです）。

逆にいうと社会的な分業の仕組みが構築されて、食料の生産に直接かかわらない層が形成される。そうした層の居住空間として都市が形成されるということが本格的なフードチェーンのはじまりということもできます。こうした一定規模の食料需要の存在がなければ輸送や保存の方法があってもフードチェーンが姿を現すこともなかったでしょうし、輸送や保存の方法がなければこうした都市の形成もかなわなかったでしょう。また、都市の成長がさらなる輸送や保存の技術革新をもたらしたともいえます。

別の言い方をすると、都市はみずからに食料を供給する範囲を支配したともいえますし、食料供給をコントロールできる領域があったから都市が成長できたともいえます。詳しくは藤田弘夫さんの『都市の論理』を読んでみてください（文献④参照）。難しい言葉を使うと食料供給上の後背地ということもできます。首都・都《みやこ》に食料を供給する範囲が国家・国《くに》であったともいえます。この文脈で、フードチェーンはおおむね国の枠を超えることはありませんでした。逆にいえばいかにして国民や領民を飢えさせないようにするか（毎日おいしいものを腹いっぱい食べられるようにするか）が、国家あるいは国王や領主の重要な目標であったともいえます。

ちょっとした注記

◆地理学の古典にドイツのフリードリヒ・ラッツェルの提唱した国家の生存圏（レーベンスラウム）の議論があります。そのディープな話はおいといて、背景には国家が飢えない、国家の単位で食料の自給自足ができるという考え方が前提として存在します。

そうしたなかで地理学の古典として有名なチューネンの『孤立国』（一八二六年）という本があります（文献⑤参照）。孤立国というのはほかから隔離された実験室のような空間を理念的に想定し、その（実験室のような）孤立国のなかで、もっとも合理的な農業経営の配置のパターンを検討したものです。都市（市場）との距離と輸送費をもとに、市場からの距離が変われば最適な農業経営形態も変わるということを解き明かしていきます。この部分がのちに農業立地論として注目されるところですが、ここではもう少し自由にこの本をとらえてみましょう。当時にあっても国家の枠のなかで都市にどのようにして効率よく食料を供給するのかということが大きなテーマであったことがうかがえます。チューネンがこの本を書いた背景にも、産業革命黎明期にあったドイツで、農業生産の効率性を高め、ドイツの農業政策に貢献しようという考えがあったわけです。国家のなかでもっとも合理的な農業経営のパターンを理論的に解明できれば、それによってドイツの国力を増強することができると考えていたわけです。そしてそれは古くから取り組まれてきたきわめてオーソドックスな方法であったといえます（その方法があられもないやり方で覆されるのもまた、産業革命の時代です。あろうことか食料供給を国外（植民地）にゆだねるという方法が編み出されたのです。これについては次節で説明します）。

3　国家の枠組みを超えて

おおむね国家の枠組みに収斂していたフードチェーンが急速に拡大するのは産業革命期以降です。都市の成立と分業の発達がフードチェーンの地理的拡大をもたらしたことはすでに述べました。それが本格的に国境を越えて動き出すのは産業革命と前後する時期です。

後述するフードレジーム論によると小麦などの基本食料の世界市場が最初に形成されるのが十九世紀後半といわれています。イギリスで産業革命が起こった背景には、農村部の労働者を都市の工業労働者として吸収したということがあります。それでは彼らの胃袋は誰が満たしたのでしょう。本来彼らは農村においてみずからの食べる食料を生産するという仕事に携わっていたはずです（「1　フードチェーンのプロトタイプ」参照）。そうした層がみずからの食べる食料を生産しなくなったとき、誰が彼らへの食料供給を担ったのでしょう。もちろん国内の農業の生産性を向上させるということも一つの手段でしょう。しかし、工業労働者に安定して食料を供給し続けるためには相当程度の生産力の向上が必要になります。工業労働者はけっして裕福な社会階層ではありません。彼らが食費に充てられる金額はけっして大きなものではありません（彼らが食費にたくさんの支出をする必要があるのなら、彼らを雇う工場主はさらに多くの賃金を彼らに払わなければなりません）。すなわち廉価で大量の食料を供給する必要があるのです（第3章「1 量の話」参照）。

どのようにしてその要求を満たしたのでしょうか。それが海外からの食料輸入ということになります。逆にいうと海外からの安価な食料の輸入が工業労働者への食料供給を満たし、産業革命を推進したともいえます。この時期、産業革命をなしたいわゆる欧米列強は同時に植民地政策を進めていきますが、それは一般的には工業製品の原料調達および市場の獲得として理解されているものです。しかし、それは本国の工業労働者への食品供給を確保するためのフードチェーンの植民地への連結でもありました。日本も明治以降、台湾や朝鮮半島さらに中国大陸へと進出しましたが、食料資源の獲得という側面が大きかったことは否めません。

このステージにおいて、国家にとっては「毎日おいしいものを腹いっぱい」国民に食べさせるためには、自国のフードチェーンをどこと連結させるかが重要な関心事になります。その際の国民には工業労働者あるいは都市住民を少なからず含みます。産業革命を経て拡大する工業労働者の胃袋を国内の農業生産のみで満たすことは困難になってきたのです。従来的には国内

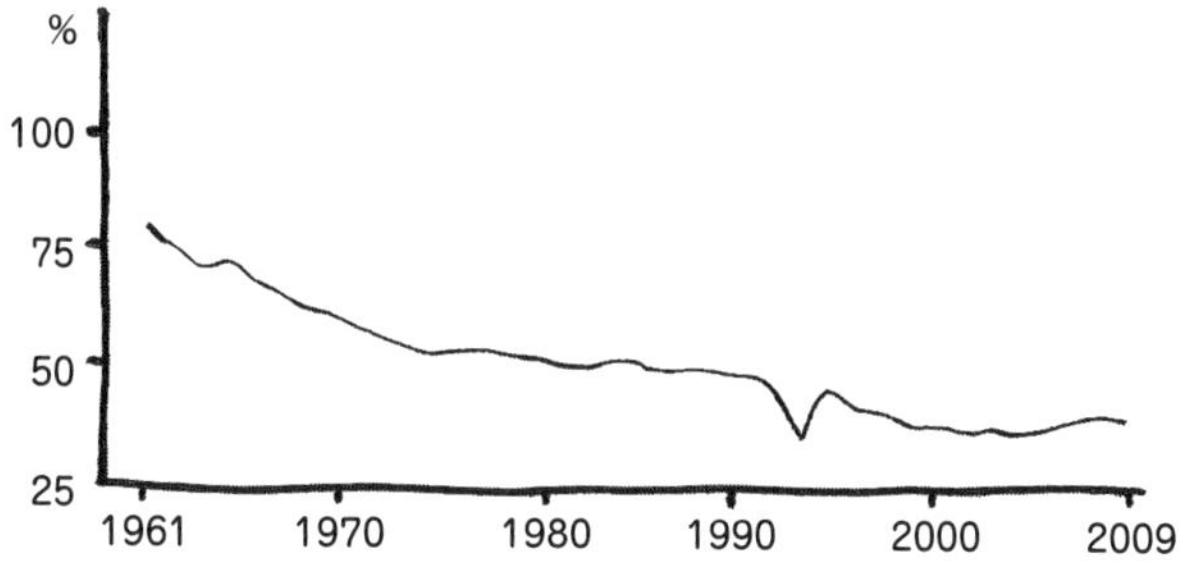

図2－3　日本の食料自給率（カロリーベース）

の食料生産能力を向上させることが、国民の胃袋を満たすもっとも有効な方法だったわけですが、輸送と保存と市場によって海外からの調達のコストが下がると、そちらを選択するようになります。日本でも戦後の食料難を乗り切るために食料増産が重要な政策として掲げられます。農地の拡大や生産性の向上、効率的な生産システムの構築などがはかられます。しかし、高度経済成長期以降は海外からの食料輸入が拡大、自給率は低下していきます（図2－3）。

このステージでは、遠くまで伸びるフードチェーンをうまく管理することが重要になってきます。太いチェーンをつくるのか複数のチェーンをつくるのか、近いところにチェーンをつなぐのか、遠いところにつなぐのか……食料を消費する側からみるとどこから食料を調達するのかという戦略が関心事となりますが、食料を生産するほうにとってもどこへチェーンをつなぐのか（どこへ食料を出荷するのか）は同様に重要な戦略となります。さらにいえば、他国の食料戦略に介入できるということはきわめて大きな影響力をもつということでもあります。なにせ人間は食べないと間違いなく死んでしまうのですから、基本的な食料の供給を他国に依存するということは生殺与奪を握られているともいえるのです。

アメリカ合衆国は第二次大戦後、国内で余剰となっていた小麦をヨーロッパや日本あるいは途上国への食料援助として提供します（これを第二次フードレジームといいます）。同時に、アメリカ合衆国はさらなる分業、さらなる農業の工業化に邁進します。より効率的な生産方法を追求していきます。この過程でアメリカ合衆国の一農家あたりの農地の規模はどんどん拡大し、農家の数はどんどん減っていきました（このあたりのくだりは『ＫＩＮＧ ＣＯＲＮ』という映画でわかりやすく語られています）。逆にそうやってつくられた食料で世界中の多くの人の胃袋が満たされているともいえます。仮にこの本で練習問題を設定することが許されるのなら、小麦や大豆やトウモロコシの国別生産量と世界貿易を調べてみてください。

これに対して、食料を遠隔地から輸送するのは問題であるという人たちもいます。もちろん食べるところでつくるほうが、フードチェーンが短いほうが、本質的にリスクも少ないし環境的、経済的なコストも少ないことは自明です。それはこれまでに述べてきたとおりです。しかし、あえてそうしたリスクやコストを計算に入れても大量の食料を遠隔地から調達せざるをえ

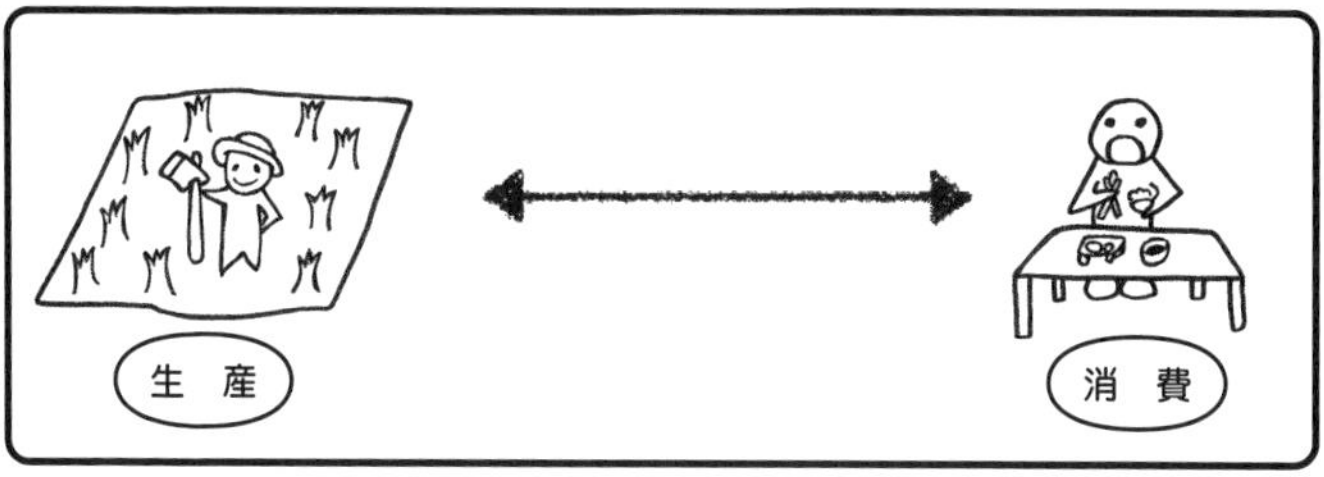

図２－４　食料生産者と非食料生産者の分離あるいはフードチェーンの出現と高度化、複雑化

ない（調達したほうが優れている）という状況があった（ある）ということもまた事実です。その大規模な分業、食料生産者と非食料生産者の分離（図２－４）によって今日の、とくに先進国といわれるところに住む私たちの豊かな暮らしが成り立っていることも事実です。明日からバナナを食べない、明日からコーヒーを飲まないという暮らしを受け入れられますか。もちろん、遠隔地からの大量の食料輸送に問題がないといっているわけではありません。より正確な理解にもとづいて、益ある議論を望みたいのです。その際に今日の巨大で複雑なフードチェーンがどのようにして形成されてきたのかを理解しておくことはとても重

要です。

結果として、今日のフードチェーンは長大かつ複雑で、誰もその全貌を見渡せません。昨日食べたチョコレートの原料のカカオ豆や砂糖、あるいはミルクなどの成分がもともとどの農家がつくったのかを特定していくことはほとんど不可能です。でもあなたが昨日食べたチョコレートの原料はどこかの農家がつくった農産物であることは間違いがありません。また、そういう仕組みは過去に誰かがどうにかしてつくったものです。きわめて長大で複雑で手のつけられそうにない今日のフードチェーンも、その一つひとつを誰かがどこかで動かしているのです。そしてそれはそんなに古い時代から存在していたのではなく、多くはこの数十年のうちに構築されたものにすぎないのです。

毎日おいしいものを腹いっぱい食べられるという際に、毎日食べられるということは毎日食べられるように食べ物をつくる必要がある、おいしいものを食べられるということはおいしい食べ物をつくる必要がある、腹いっぱい食べられるということは腹いっぱい食べられるだけの食べ物をつくる必要があると言い換えることができます。私たちはそれらの必要性を満たすためにフードチェーンを地理的に拡大させてきたともいうことができます。

第3章

量の話と質の話

「毎日おいしいものを腹いっぱい食べられること」は幸せなことだとすでに述べました。ここではおいしいものを食べることと腹いっぱい食べることについてもう少しお話ししておきましょう。どんなにおいしいものを食べられても、いつもお腹をすかしているのは悲しいことですし、食べるものはたくさんあるけどどれもまずいものばかりというのも悲しい話です。まして、たくさん食べるものはあってもそれを食べてお腹を壊したとか、どれも古いものばかりなんてのはもっと悲しい。

当たり前のことですが食料は量と質がそろっていないと食料ではありません。私たちはこの量と質を確保するために多大な努力を払ってきました。それが人類の歴史といっても過言ではありません。

1　量の話——フードチェーンはどのようにして量を確保してきたのか

フードチェーンはどのようにして量を確保してきたかという話です。まず、食料をストックするという方法がありますが、ストックするのが難しいのが食料でもあります（第2章参照）。

そこで登場するのがフードチェーンです。フードチェーンが産業革命を支えたことは前章でふれました。農業の工業化を進めたアメリカ合衆国が世界中にフードチェーンを張りめぐらしたこともふれました。その善し悪しは別として、それには明確な理由がありました。次のようなものです。「食料は誰もが手に入れられるものでなければならない。もし手に入れることができなければ、歴史から消えていく（死ぬ）ことになる。強い者、力をもっている者、権力をもっている者、お金をもっている者、そういう人たちではない者でも手に入れられなければならない」。このことを忘れないでください。

食料があまっている、捨てられているというニュースを聞くことがあります。少し罪悪感に苛まれながら、現代社会の問題だとして聞いているかもしれません。しかし、食料が足りないということよりはずっとマシです。必要な量だけぴったりと食料を生産・供給できればいいのですが、必ずしもそうはいきません。狩猟・採集にしても農業にしても収獲・収穫を完全にコントロールすることができないからです。しかし、食料は足りないと困ります。そこで食料供給はつねに余剰が生じることを目指して取り組まれてきました（人類史の長い期間はそれが足りないくらいで推移してきたということもできます）。フードチェーン上のロスを完全に制御することはできません。不足することのリスクの大きさを考えるとあまるくらいでちょうどよいともいえます。

＊　＊　＊

さて、量の話ですが、フードチェーンのプロトタイプ、食べる人と食べるものをつくる人が同じである場合、量を確保することはそんなに複雑ではありません。自分の食べる分だけ自分で確保すればいいのです。ちょっとあまるくらいだと文句ありません。そしてそれはそんなに困難なことでもありません。自分の食べる分を自分で確保するのは人類が人類になる前からやっていたことだからです。話が複雑になるのは、フードチェーンが地理的な拡大をはじめてからということになります。すでに述べたように都市が成立し、分業が成立すると、自分の食べるものを自分でつくらない人の分まで食料をつくらなければならなくなります。自分の食べるものを自分でつくらない人の数がまだそんなに多くないときには、多数の食べるものをつくる人が少しの余剰を持ち寄れば十分でした。しかし、さらに分業が高度化し、都市が大きくなると少しの余剰では不足します。より多くの余剰が求められ、自分で食べるためではなく、つくらない人を養うために売ったり、税として徴収されたりする食料の生産が拡大してきます。

日本でもあるいはヨーロッパでも封建時代まではそういう枠組みでした。それが大きな変革を迎えるのは近代の産業革命の時代です。このとき、工場労働者として自分の食べる食料を自分でつくらない層が大量に形づくられたわけですが、自分の食べるものに加えてちょっとあまるくらいをつくっていた人たちではそれを支えきれません。封建時代に支配者層あるいは国全体のなかでは少数派の都市住民を支える程度なら可能だった食料生産と供給の仕組み（フード・システム）は、ここで大きな変革を迫られるわけです。産業革命の進展とともに増加し続ける大量の工場労働者は、それまでの一部の支配者や都市住民のような富裕層あるいはその取り巻きではありません。彼らに安定した食料供給を保障するシステムはこれまでのどの時代にも存在しなかったのです。安価で大量の食料を調達する仕組みの構築はそれほど前代未聞の困難な事業でもあったといえます。

近代の産業社会、いわゆる農耕社会から産業社会、脱産業社会という文脈の産業社会は、従来の農民（自分で自分の食べるものと多少の余剰をつくる者）＋αの構図では支えられないのです。自分の食べるものと都市住民や特権階級の食べる多少の余剰のレベルをはるかに超えた大量の食べ物をつくる必要が生じたのです。それなしには産業社会を支える都市の工業労働者を養えません（第2章「3　国家の枠組みを超えて」参照）。また、彼ら新しい都市住民、工業労働者の食料は廉価でなくてはなりません。金を出せばたくさんの食べ物を手に入れられるというのは当たり前です。十分な金がなくても潤沢な食料を提供できる仕組みをつくる必要があったのです。

産業革命で誕生したこうした産業社会の食料需要をまかなうための仕組みが、植民地獲得であるといえます。植民地は工業原料の調達、工業製品の市場として位置づけられることが多いのですが、もちろんそれが間違っているというわけではありません。しかし、それに加えて産業革命を進める帝国・植民地本国の工業労働者への食料供給基地として機能したともいえます（詳しくは第4章の「1 フードレジーム論」を参照）。

それ以来、私たちの食料供給は基本的に自分が食べる食べ物と多少の余剰のレベルどころではないほどの大量の食料をつくり出す者たちによって支えられるようになりました。その規模と効率性の追求は休むことなく着実に続けられ今日にいたっています。逆にそれなしには今日の私たちの食料供給は維持できないということもできます。この側面に注目してもらいたいというのが「量」の話です。黙っていても量が確保されるわけではないのです。量を安価に確保するための巨大な仕組みが動いています。あまりそれを意識することはないかもしれませんが、それ抜きには食料の話はできません。

今日の食料供給も基本的にはこの文脈のうえに成り立っています。いかにして人口の大部分を占める非食料生産者に対して潤沢な食料を確保し、食品価格を安定させるのかということです。大量生産や規模の拡大によってコストを下げるというのも一つの方法ですが、それは従来の農業生産の方法や農村社会を破壊してしまう側面ももっています。一方で、付加価値の高い農産物を生産することで産地を維持しようという動きに着目されることもあります。しかし、ここで注意してもらいたいのは両者は別物であるということです。後者の高付加価値型の食料生産は、古くからの特権階級への食料供給と同じ枠組みのなかにあります。しかし、量の話で必要とされているのは、前者、言い換えれば一部の富裕層の購入する食品ではなく、誰もが購入できる安定した食料供給体系をどうやって構築するのかということです。貧者、あるいは社会的弱者であっても最低限必要な健康的な食料を入手できる安価な供給体系をどのようにして構築するのかということです。実はこうした議論に対する研究蓄積は驚くほど少ないのです。しかし、人類史がはじまる前から、私たちは基本的にこの量の確保を第一としてきたのです。

2 質の話――フードチェーンはどのようにして質を維持するのか

『マーフィーの法則』（アスキー出版局、一九九三年）という本の一節にこんなのがあります。「樽一杯の汚水にスプーン一杯のワインを注ぐと、樽一杯の汚水になる。樽一杯のワインにスプーン一杯の汚水を注ぐと、樽一杯の汚水になる（ショーペンハウエルのエントロピーの法則）」。食の質の本質的な側面を端的に示した言葉ともいえます。

食料の質の話をするのですが、少し整理をしておく必要があります。食料の質、あるいは食の質、食料の品質などといったとき、いくつかのとらえ方があります。一つは安全性や一定水準の品質が確保されている場合です。食料の質が確保されている、食料の品質が保たれている、という具合に使います。この本で繰り返し出てくる「おいしいもの」という言葉もこの意味で使っています。しかしながら、別の意味で使われることもあります。すなわち高い品質をもっているということ、高品質とか高級品という意味で使う場合です。ここでは二つの意味をふまえて説明をしたいと思います。

＊　＊　＊

一つ目の求められる一定の水準が確保されている状態を指す食の質の場合ですが、腐っていたり有害物質など食べられないものが混入していないということが重要になります。フードチェーンがまだプロトタイプだったころは、口にする人自身が食料の調達や生産にかかわっていたので、質が問題になることはありません。自分で自分の口に毒を入れる人はいないからです。また、自分でつくった食べ物に文句を言っても仕方がありません。よりおいしいものを食べようと思えばみずからの手でよい食材を手に入れ、みずからの手で加工や調理の方法を改善するしかありません。たとえみずからの手でつくらなかったとしても、多くの食材がそれを食べる人の周辺で獲得されている場合には、食べる人はおのずとその食材がどのようなものかという情報を入手することができます。どこで誰が捕まえたものか、どこで誰がつくったものか、新鮮なものか、保存されたものなのか……。しかし、フードチェーンが地理的に拡大していくにしたがって、食材を生産する人とその食材を使って調理して食べる人の距離が大きくなっていきます。食べている人の目が食材を生産しているところに届かなくなります（前掲図2－4）。ここに質の問題が姿を現します。

食の品質が保たれるためには狩猟採集や農業によって食材が手に入り、それを加工したり売買したりして、食べる人の手に届くまでのフードチェーンの経路上のどの段階においても、腐ったり食べられないものが紛れ込むことがないという状態が保証されねばなりません。プロトタイプの段階ではチェーンの全体に目が届きました。容易にチェーンについての情報を入手することができました。しかし、フードチェーンが地理的に拡大していくにしたがって、そうした情報を手に入れることは困難になっていきます。物理的にもチェーンが短ければ食の品質の管理は容易です。しかし、チェーンが長くなると困難になります。たとえ一箇所でもチェーン上に汚染された部分があると、あるいはたとえ一握りでも食べられないものが混入してしまうとチェーン全体が機能を失ってしまいます。食料に関しては九十パーセント大丈夫、八十パーセント大丈夫という考え方は存在しません。どのような状況であっても百パーセント食べられるものでなければならないのです（樽一杯のワインの話）。

さて、このチェーンの品質管理、安全管理をどのようにしておこなうかということですが、そもそも食品の安全管理は極端に難しいものではありません。そもそもが食べるものであり、自分自身も食べるかもしれないものなわけですから、基本的に食料の扱い方はどこにいっても有害物質が入らないようになっています。また、食べるという行為は人類が人類になる以前から続けてきた行為であり、この行為なしには生きていけないので、そんなに神経質になる必要もありません。世界中の誰もが食べ物だといえばそれをどのように扱えばよいかわかります。通常の食料の扱い方をしていれば、大きな問題は起こりません。

また、仮に問題が発生したとしても、それに対処する手段が講じられれば被害は最小限にとどめられます。事故の発生をゼロにすることはできません。どんなに注意しても事故が起こることがあります。それは食品事故に関しても同じです。事故が起こらないに越したことはありませんが、事故が起こってしまった場合はそれに対する適切な対応がとられることが重要です。それによって食品の質が保たれるともいえます。

現代の日本を含めて、多くの国はそうした食品の安全基準や安全管理の仕組みをもっています。前節でもふれましたが、量の確保も含めて、国家が食料の管理をつかさどってきたともいえます（また、それが国家でもあります。国民を飢えさせないということです）。日本でも食品衛生法や食品安全基本法、あるいは食管法（食糧管理法）・食糧法（主要食糧の需給及び価格の安定に関する法律）などによって、質や量の安定的な維持がはかられてきました。これに従って、フードチェーン上に汚染された箇所がないように、よからぬものが混入しないように努めてきたわけですし、事故があった場合にもそれに従って対応してきたわけです。また、事

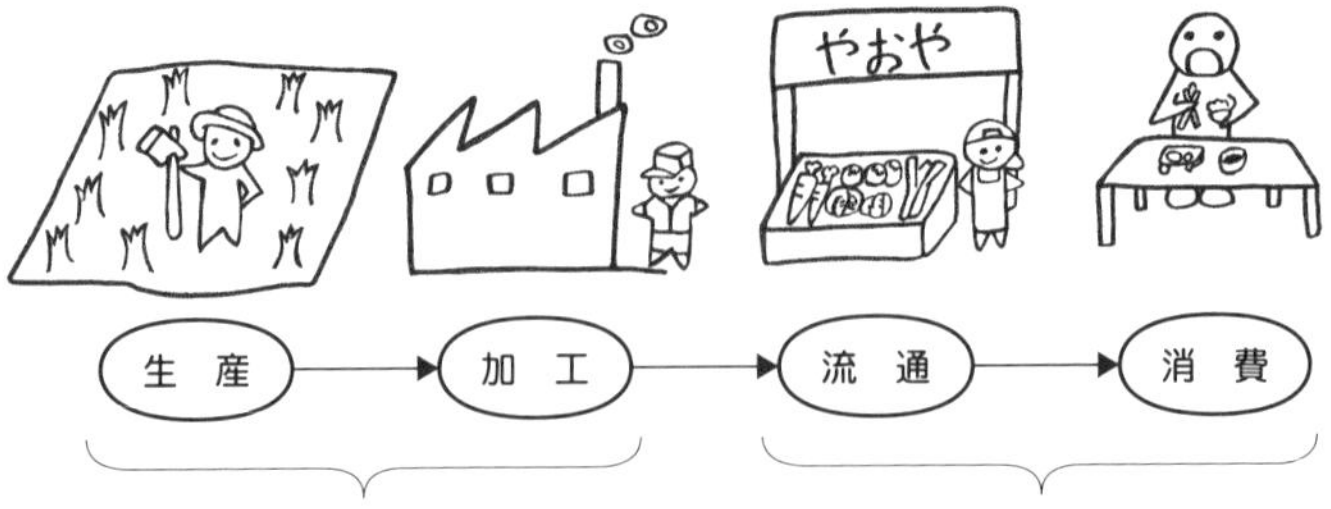

図3－1　国境を越えるフードチェーン

故を起こした者にはペナルティが科され、悪意をもって引き起こされた事件の場合にはしかるべき処分がなされることもあります。その過程では警察をはじめとした関係機関が捜査することもあります。このようにしてフードチェーンの管理がなされてきたわけです。

しかし、フードチェーンの地理的な拡大がいよいよ国家の枠組みを通り越して国際的なスケールで展開するようになると、食料の質の確保において大きな問題が生じます。すなわち、外国から輸入されてくる食料に関しては上記のフードチェーンの管理の方法では十分に対応できないのです。たしかにフードチェーンの末端にあって食料を消費するのは私たち日本人であっても、それを生産したり加工したりしているのは外国というケースが少なくありません。チェーンは一つでもそれに対して前と後で二つのシステムがぶら下がっているとみることもできます（図3－1）。この場合、生産部門や加工部門で汚染や有害物質の混入があっても国内法では対応できません。国内ならしかるべき機関が捜査し、再発防止や被害拡大の措置をとることができます。しかし、国家を超えるチェーンについては隔靴《かっか》掻痒《そうよう》、十分な捜査や防止策を講じることも困難になります。ほかの国の仕組みや制度がはたらいているからです。ここに国家を超えたフードチェーンが稼働する今日の食の質の根本的な問題が存在します。

❖食の質と食品情報の質

それでは食べ物をつくっているところから、食べているところまでのフードチェーンの安全性が保たれていれば、食の質が確保されているといえるでしょうか。残念ながら、そうではありません。ワイン樽の話のあとに付け加えるなら、「樽一杯のワインにスプーン一杯の汚水が注がれたかもしれない」という話が広がるだけで、誰もそのワインを飲めなくなる、ということになります。食料は口に入れるものだけあって、たとえ本当のところはどうであれ、安全性が毀損されたかもしれないというあやふやな情報が広がっただけでその食料は食料ではなくなってしまいます。

別の言い方をすると先に示したフードチェーンには実は影のようにフードチェーンの情報部

分が付随しています。たとえば、A農場でとれたキュウリなら、「A農場でとれたキュウリ」、B食品で加工された食品なら「B食品で加工された食品」、という具合です。しかし、実際のフードチェーンとフードチェーンの情報がつねに一致しているとは限りません。A農場でとれたキュウリであってもC農場でとれたことになっていたり、B食品のものがD食品になっていたりということがあります。同様に輸入品が国産品になっていたり、農薬を使って育てても有機農産物になっていたりします。意図的であれば食品偽装といわれるもの、そうでなくても食品事故といわれるものです。これらは、実際のフードチェーンとフードチェーンの情報が乖離《かいり》してしまったことによって引き起こされます。その意味ではフードチェーンの安全性が確実になるように管理される必要があるとともに、フードチェーンの情報も正しく管理される必要があります。

産地や加工地の位置といった地理的情報のみならず、フードチェーンの情報が正確でなければ、あるいは正確性が保証されなければ、少なからぬ混乱が起こります。たとえば、何も問題のない食料であっても、有害物質が混入したという情報が伝えられるだけでそれは食料ではなくなってしまいます。たとえ混入していなかったとしてもです。こうしたケースは風評被害、食にかかわる風評被害として認識されます。もちろん、ノーブランドの食品をブランドの食品と、一般産地のものを特定の有名産地の産品と偽って食品情報を流せば食品偽装となります。

また、同じ産地で同じようにしてつくられた食料であっても、いわゆるブランド品のパッケージを施されると高い価格で取引され、ノーブランドのパッケージだと廉価で取引されるということもしばしば起こります（第４章参照）。

このようにフードチェーンは実際のフードチェーンの安全性だけではなく、その情報の正確性もあわせて考える必要があります。フードチェーンが地理的に拡大し、その全貌を把握することが困難になっています。消費者が口にする食料の生産現場や加工現場を直接目にするということはほとんどありません。そうした状況のなかでは、消費者は与えられる食品情報による以外にフードチェーンの状況を知るすべはありません。その意味において、今日の食料の質を考える際に食料情報の取り扱われ方が大きな意味をもってくるといえます。

食料の質とは実際そんなものである（あった）ともいえます。実際の品質としてよりも与えられるイメージとしての品質だったということです。

＊＊＊

二つ目の高品質という意味の食の質の話もしておきましょう。それでは高品質の食品とはいったいなんでしょうか。良質な食品、上質な食品と言い換えることができるかもしれません。

具体的には、いわゆるジャンクフードとかではなく、農薬や化学肥料を使ってない農産物であるとか、化学調味料などの人工的な添加物の入っていない食品であるとか、あるいは生産者の顔の見える野菜とか、収穫したてであるとか、獲（採）れたてであるとか、あるいは単に値段が高いとか、テレビで有名人やその道の権威という人が高く評価していたものがそれにあたるのかもしれません。いずれにしてもほかの同様の食品よりも高い価値をもっているのがそれにあたるといえます。ではその価値はどこからやってくるのでしょうか。

コンヴァンシオン経済学という立場があります。コンヴァンシオンとはフランス語で「慣行」という意味です。その議論のなかでは何をもって品質をはかるのかという問いかけに対して、五つのモノサシが示されています。いくつかの訳し方があるのですが、一つ目は市場的コンヴァンシオンといわれるもので、価格が高ければ品質もよいとする考え方、二つ目は工業的コンヴァンシオンといわれるもので、〇〇の含有量であるとか、糖度や水分量など計測可能な数値データによって品質を示そうとするもの、三つ目は家内的コンヴァンシオンといわれるもので、信頼関係により構築されます。たとえば、長期的な取引関係にもとづく信頼などが想定されます。四つ目は世論的コンヴァンシオンで、マスメディアや地域の機関などにより、名声が喚起され、消費者のあいだで商標やブランドとして認知されるようになることがこれにあたります。五つ目は公民的コンヴァンシオンで、社会的な公益にもとづく連帯意識とされています。

たとえば、同じ畑で有機栽培で収穫された野菜でも、一方を近在のファーマーズマーケットで有機野菜として売り出し、もう一方をよくあるチェーンスーパーの特売コーナーに並べたとき、私たち消費者はそれが同じものか違うものかを判断できるでしょうか。躊躇《ちゅうちょ》せずに一方に高い代金を払い、一方にはより安い代金を払うのではないでしょうか。松阪牛と佐賀牛とを味で区別することができるでしょうか（両方とも同じ遺伝子をもった牛であるということもあります）。産地偽装された食品を食べても、これはおかしいと気づく人はまずいません。みんな「さすがなんとかかんとかはうまい」とか言いながら食べてしまいます。

このようにみてくると、食品における高い価値というものはけっして、その食品が栄養学的にもっている品質、たとえば糖度が高いとか歯触りや舌触りがよいとか、そういったものだけで決まっているわけではないといえます。それらの違いはたしかに重要です。誰でもおいしいかおいしくないかぐらいはわかります。でも、（一部のプロを除いて）どこまで厳密な違いを判別できるでしょうか。そしておいしいものを食べるときにそこまでの厳密性にこだわるでしょうか。私たちの多くはそんな能力はもちあわせていませんし、おいしければそれでいいと思うでしょう。しかしながら、たとえ実際には同じ野菜であっても、有機と書かれた包装がしてあるかしていないか、たとえ同じ肉であっても、松阪と書かれているか書かれていないか、は大きな違いとして認識されます。

その違い、その価値の違いはどこからくるのでしょうか。直前に取り上げた食の質と食品情報の質の話を思い出してください。食品のもつ価値の多くはそこからきているといえます。私たちがその食品を県内産（国産）か県外産（外国産）かを見分けられるのは、パッケージにそう書いてあるからであり、味覚だけで見分けることは難しく、まず不可能なものもたくさんあります（もちろん見分けられるものもありますが）。逆に、パッケージの情報で判断しているのであり、見分けられないからパッケージに表示されているともいえます。この状況をどう考えたらいいでしょうか。ちなみにインドの街角に行ってみると、いまでも野菜を手にとって品定めして購入している姿が普通に見られます。けっしてパッケージで判断しません。日本のスーパーのようにパックされた野菜を店頭に並べたところ、品質を判断できないから誰も買おうとしなかったという話もよく聞きます。

ちょっとした注記

◆「食品」といった場合は食べ物と同義ではなく、商品としての食べ物というニュアンスで使っています。「食品情報」といったときは商品の売り手が買い手に提供する情報でもあります。

コラム　『乾いて候《そうろう》』

『乾いて候』という、徳川吉宗の毒味役・腕下主水《かいなげもんど》を主人公とした時代小説、劇画あるいはテレビの時代劇がありました。陰のある主人公の無類の強さとぶっ飛んだストーリーがおもしろいのですが、支配者と食という問題がいかに重要なものであったかがうかがえます。食品の質とか安全性とかは非常に現代的なテーマとみなされがちですが、食と毒の話、あるいは食と毒と支配者という話は古くから人類がかかわってきたテーマでもあります。いつの世においても王様には必ず毒味役がいたわけです。むしろ私たちは歴史上もっとも食の安全性に関して無頓着になっているともいえます。

第4章

食料の地理学の取り組んでいること

「フードチェーンでつながれた場所と場所」「実際の場所と場所」からどんなストーリーを紡ぎ出していくことができるでしょうか。本章では食料の地理学の多様な取り組みを示したいと思います。前半ではいくつかの理論的な取り組みを中心に、後半ではより実際的な問題に即してお話しします。

《A 理論的アプローチ》

ここで取り上げるのはフードレジーム論（FR＝Food Regime）、商品連鎖のアプローチ（CC／GCC＝Global Commodity Chain）、フードネットワーク論（FN＝Food Network）というものです。FRとGCCはどちらかというとグローバルなスケールでの議論、FNはどちらかというとローカルなスケールでの議論となります。

１　フードレジーム論（ＦＲ）

英語圏の社会学者らが中心となって提唱したフードレジームという考え方があります。グローバルなスケールで食料貿易をとらえる試みです。それまでの多くの食料貿易の研究が、輸出国と輸入国の二国間関係を中心に論じられてきたのに対して、多国間の枠組みで把握しようとするものです。また、時間軸も百年を超えるスケールをもっており、大局的なアプローチともいえます。

フードレジームはこれまで大きく三つの時期があったといわれています。一つ目は第一次レジーム（コロニアル・ディアスポリック・レジーム）と呼ばれるもので一八七〇年から一九一四年にかけて、二つ目は第二次フードレジーム（マーカンタイル・インダストリアル・レジーム）と呼ばれるもので第二次大戦以降とされています。三つ目が第三次フードレジーム（コーポレイト・エンバイラメンタル・レジーム）で、ちょうどいまがその幕開けを迎えているといわれています。それぞれもう少し詳しくみてみましょう。

まず第一次レジームですが、最大の特徴は小麦に代表される基本的な食料の世界市場が形成されたということです。すなわちそれ以前には、それこそ香辛料や一部の食料の国際的な貿易は存在したものの、主穀となるような食料の世界規模の貿易は存在しなかったということです。それは第2章でみたように食料のもっているさまざまな性格から多くのリスクを抱えていたからでもあります。ではなぜ、この時期にそうした多大なリスクと輸送のコストを乗り越えて、世界的な市場が実現したのでしょうか。それをどのように解釈するのかがフードレジーム論のもっともおもしろいところです。まず当時の時代背景として産業革命の黎明期、およびヨーロッパから北米大陸やオセアニアなどの植民地への大量の移民という状況があります。移民が生まれた背景としての農業革命や人口増加、食料価格の下落や零細農家や小規模農家の困窮などといった当時のヨーロッパの一般的理解をここで繰り返しませんが、これらヨーロッパ移民を中心にしてつくられた国をヨーロッパ人ディアスポラ（もともとは各地に離散したユダヤ人を指す言葉ですが、ここでは広くもとの居住地から他所へ離散定住した者という意味）国家とします。アフリカやアジアの植民地とは区別してとらえるためでもあります。さて、こうしたヨーロッパ人ディアスポラ国家にわたった入植者たちは、その広大な土地を利用して農地を開拓していきます。それを進めるための先住民族の駆逐、旧世界からの労働者の利用などということもありますがここでは、詳しくはふれません。で、その入植者たちがつくった農産物はどうなったのでしょうか。黒人労働力とアメリカ合衆国南部の農地でつくられた綿花がイギリスの産業革命を支えたという理解もあります。もちろんそれを否定するつもりはありませんが、なにも綿花だけが北米大陸で栽培されたわけではありません。中西部に入植した移民は小麦やトウモロコシ栽培に取り組み（アメリカ合衆国で奴隷制度を最初に禁止したのもこの地域）、広大な農業地帯が形成されます。その生産物（基本的食料）が、合衆国の都市住民や産業の発展を支える労働者の食料需要を満たしたわけです。この地域は「アメリカのパンかご（Breadbasket of America）」と呼ばれたりします。しかし、それだけではなく北米の小麦はヨーロッパに送られ、ヨーロッパの都市に供給され、産業革命を支える工場労働者の胃袋を満たしたのだというのがレジーム論の解釈です。

すなわち、世界で最初に形成された基本的食料の世界市場は、ヨーロッパの産業革命を支える労働者の食料供給を担うためのものだったともいえます。もちろん当時の一大生産地域であるインドのパンジャーブ地方などからもヨーロッパ向けに小麦が送られたりもしましたが、当時から人口の稠密《ちゅうみつ》なインドなどと違い、先住民が実質的に駆逐された北米大陸あるいはヨーロッパ人ディアスポラ国家においては、生産物の余剰に対して自国での需要は小さかったといえます。一方、産業革命を進行させ、多くの工業労働者（自分で食料生産に携わらない者）を抱えるヨーロッパではより安価で大量の食料を必要としていたといえます。これを結ぶのが世界最初の基本的食料の世界市場というわけです。安価な食料供給で農産物価格が下落し、食べていけなくなった農民が移民として新大陸にわたり、新たな広大な農地で食料生産に携わる。それらの食料は産業革命を進めるヨーロッパにわたり、工業労働者に安価で提供される。それによって農産物価格が下落して……という具合です。また、工場（産業革命）でつくられた鉄は新大陸に送られて、鉄道が建設され、内陸へ内陸へと開拓前線が伸ばされていきます。その鉄道によって、移民が入植し農地を広げ、食料生産を加速させます。同じ線路の逆向きのルートでは農産物が海岸部へ海岸部へと集められ、港からヨーロッパへ送られます。こうして新大陸の食料生産が世界市場と連結されていったのです。

ここで重要なことは、限られた都市住民でも一部の特権階級でもないごく普通の非食料生産者の大量の大きな胃袋（肉体労働はお腹が減ります）を満たす方法が人類史のなかではじめて構築されたということです。これ以降私たちはこのやり方に依存していくようになるのです。

＊　＊　＊

次に第二次レジームです。これはIndustrial Agricultureを背景にした強大な食料輸出国であるアメリカ合衆国の登場によって特徴づけられます。第一次レジームのあとも合衆国は基本食料の輸出国であり、国内消費を上回る小麦やトウモロコシを生産し続けました。それをなしえたのが、Industrial Agricultureだというわけです。あえてIndustrial Agricultureと書いていますが、なかなかいい訳語がみつからないからです。「工業化した農業」あるいは「農業の工業化」というのが一番近いかとも思いますが、単に機械化された農業という意味ではありません。農業の機械化だけでなく、多量の農薬や化学肥料の投入をともなう農業の化学化、農業の経営体の大型化を含めた農業の企業化、さらには農産物市場の大型化や食品加工部門の大型化などの文脈を含む概念です。その意味では「産業化した農業」というのがより適切かもしれません。より大規模な農場でより大型の機械を使い、より多くの化学肥料を投入することでより効率的により多くの生産をあげる。機械や化学といった工業分野がそうしたタイプの農業への投入材を支え、生産したものは巨大な食品加工・流通企業が引き受け、さらに巨大なスーパーマーケットおよび巨大なチェーン店がその販売を引き受ける。そうした仕組みがアメリカ合衆国で大きくなっていったのです。

逆に、そうして供給される大量で安価な食料が必要とされていたともいえます。アメリカ合衆国国内はもとより世界中でです。マーシャルプラン（第二次大戦後アメリカ合衆国が西ヨーロッパ向けにおこなった経済援助・欧州復興計画）として大量の食料や飼料、肥料がヨーロッパ諸国にわたります。日本でも合衆国からの食料援助をもとにして学校でのパン給食が広がっていきます。また、従前からの食料需給を安価な輸入食料に依存することで、農業労働者を工業労働者に転換し、工業化を進めようという開発計画を指向した国々も存在しました。いずれにしてもこの Industrial Agriculture のインパクトが世界中に広範に伝わります。

Industrial Agriculture による食料生産は余剰食料の発生と食料価格の抑制をもたらしました。それは十分な量を食べられなかった状況から十分な量を食べられるようになる、貧しくて食べられなかった者でも食べられるようになるという点では、おおいに評価すべきことです。それまでの人類は腹いっぱい食べるための努力を人類になるはるか以前から積み重ねてきたのですから。誰でも腹いっぱい食べられるようになるということは長年の夢でもあったのです。しかし、それで問題がなかったわけではありません。大量の安価な食料の輸入は輸入国で伝統的におこなわれていた農業に大きな打撃を与えました。相対的に高コストな農業が安価な輸入食料に対抗できなくなっていったのです。ヨーロッパでも日本でもです。そこに農産物貿易摩擦が生じるようになるのです。

日米あるいは欧米の農産物貿易、さらには途上国と先進国間の農産物貿易の抱える問題が噴出するようになります。こうした摩擦や対立を打開するためにＧＡＴＴ（関税および貿易に関する一般協定）やＷＴＯ（世界貿易機関）という国際協定や国際機関が設置され、さまざまな交渉に取り組みます。しかし、抜本的な解決にはいたっていません。国家の枠組みを土台とした第二次フードレジームが終焉を迎えているといえるのかもしれません。

ちょっとした注記

◆一九七四年にアメリカ合衆国が東側世界に小麦を放出したことによる小麦価格の高騰をもって第二次レジームの終焉とすることもあります。たしかにそれは一つの画期だったかもしれませんが、それ以降も同国は強大な食料輸出国として君臨しているといえます。その意味ではまだ第二次レジーム下にあるという考え方も可能です。

＊＊＊

さて、そうしたなかで姿を現しつつあるといわれているのが第三次レジームです。第二次レジームにより加速された効率的な生産を追求していくと、最終的には一人の人間がすべての人類の食料を供給するということが解として得られるのでしょうか。たしかに食料生産の効率をあげること、同じ広さの土地からよりたくさんの収穫を、同じ労働力でよりたくさんの収穫をあげることは人類が長いあいだ目標にしてきたことです。しかし、それでいいのでしょうか。そこで投げかけられるのが「新しい問題領域」といわれる価値の問題です。食料生産の効率性だけではなく、たとえば品質、安全性、生物学的な多様性や文化的な多様性、知的財産、動物の保護、環境汚染、エネルギー、ジェンダー、人種間の不平等などの問題が提起されるようになりました。これらは効率的な食料生産というものさしでは測りかねます。第3章にも示しましたが、効率的に生産するために品質が多少犠牲になってもいいのでしょうか。効率的に生産するために、人類が（結果として）獲得した食料の多様性が損なわれてもいいのでしょうか。食料の効率的な生産のために、環境汚染が進んでもいいのでしょうか（これらは非常に難しい問題です。簡単に答えを出そうとしないでください。新しい問題領域を無批判に受け入れ、効率的な食料生産を否定してしまいがちですが、そのような短絡的な思考こそ慎みたいのです）。

しかし、いずれにしろこうした問題が提起されていることは事実で、いままでの効率一辺倒のやり方が必ずしもよいわけではないという認識が広く形成されてきています。これが一つです。

もう一つは国家の問題です。第一次レジーム、第二次レジームともに国家が主導し、国家の枠組みで農産物や食料の貿易がおこなわれてきました。ところが一九七〇年代以降、食料貿易に関する国家間の対立や摩擦をＧＡＴＴやＷＴＯなどの国際機関が解決できずにいます。そうしたなかで今日世界中に張りめぐらされたフードチェーンを動かしているのは、もはや国家ではなく、民間企業です。名前は出しませんが多国籍の食品企業が、あるいは巨大な食品企業が私たちが日常的に食べる食料のフードチェーンを動かしていることは容易に理解できると思います。今日、差別化された二つのフードチェーンがあるといわれています。一つは高品質、高付加価値、あるいは高価格な食品のチェーンで、もう一つは安価で大量生産された食品のチェーンです。いずれのチェーンも国家ではなく、民間企業によって動かされています。前者は豊かな消費者のチェーン、後者は貧しい消費者のチェーンとみることもできます。そしてこれらの生産者と消費者の枠組みも国家の枠組みと同じではありません。途上国の貧しい生産者と先進国の豊かな消費者という枠組みが崩れつつあります。先進国にも貧しい消費者がおり、途上国にも豊かな消費者がいます。豊かな消費者と貧しい消費者という枠組みがすでに国境を越えた存在になっているのです（図４－１）。

このようにみてくると「新しい問題領域」で取り上げられたさまざまな観点も、結局は一部

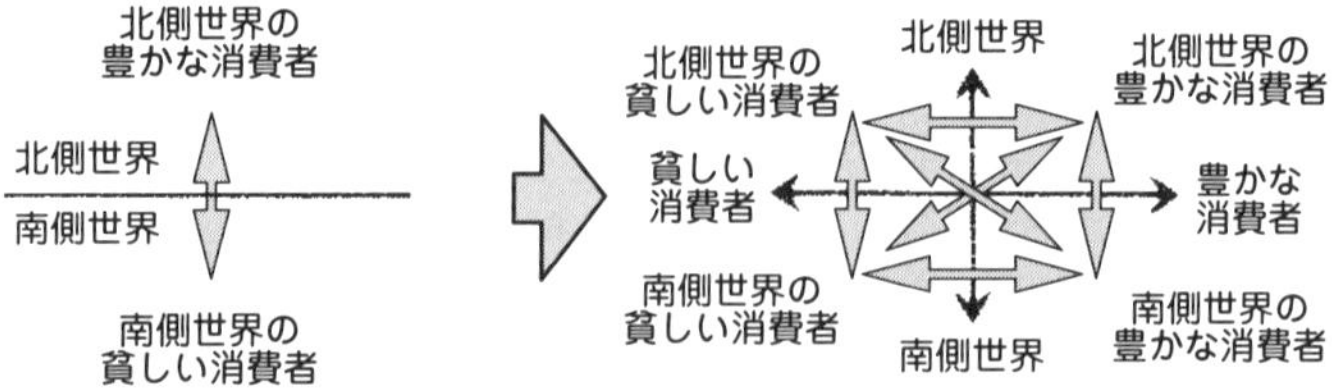

図４－１　より複雑な枠組みへ向かう世界
（国境を越えた豊かな消費者と貧しい消費者）

の特権的な消費者が享受できるフードチェーンについてのものにすぎないとみることもできます。それでよいのでしょうか。もちろん生産効率を突き詰めるやり方がよいといっているわけではありません。そこにさまざまな問題が潜んでいることは先刻承知です。かといって、効率性をにべもなく否定することもできません。私たちが毎日食べているものを考えてください。自分のよく知っている人が有機栽培で育てた小麦を原料にした手づくりのパンを毎日食べられたら、それはいいことでしょう。しかし、私たちが生きている社会でそれが可能でしょうか。それを実践することは不可能ではありませんが、大きなコストがかかります。それを実践できる人はほんの一部の人に限られます。十円でも二十円でも安いパンを買っておこうと考える人たちにとっては、それは別の世界の話です。それは「みんな」が毎日おいしいものを腹いっぱい食べることとは違うことです。

さて、一通りの説明をしましたが、いずれもどうやって食べるかという話が基本にあります。すでに第2章でみたように、フードチェーンは世界をまたいでいます。そうした世界的なサイズのフードチェーンを構築した背景には、どうやって食べさせるのか、どうやって食べるのかという取り組みがありました。第2章に示したように、産業革命以後その取り組み（方法）は劇的に変化しました。フードチェーンもそれ以前とは大きく姿を変えました。それ以降の変化を大局的にとらえようとする試みがフードレジーム論というわけです。

コラム　スワラージ、スワデーシ

第一次レジームは第一次世界大戦を機に終焉を迎えるとされています。ただし、日本に焦点をあてたアジアの旧植民地の文脈のなかでは、第一次世界大戦後も第一次レジームに示された枠組みを見いだすことができるのではないかと考えています。

第二次レジームが席巻する当時、それとはまったく対照的な国家政策をとった国があります。スワラージ、スワデーシというガンジーの思想のもとに国家建設を進めていたインドです。一般的にスワラージは民族自決、スワデーシは自国品愛用運動と訳されますが、それではあまりに味気なくきこえます。それはイギリスとの貿易関係を断ち切ることにより真の独立が可能になるという、商品連鎖（この場合は綿花ですが）の仕組みを見通したきわめて卓越した洞察力の表れであったと考えます。後述のウォーラステインが世界システムを世に問うはるか以前にガンジーにはすでに商品連鎖がみえていたのではないでしょうか。

2　商品連鎖のアプローチ（CC／GCC）

ウォーラーステインさんという学者の唱えた世界システム論（文献参照⑦）という考え方があります。GCCアプローチの源泉はこの世界システム論にあります。ウォーラーステインさんらによれば商品連鎖（コモディティチェーン＝CC）は「労働と生産の過程からなるネットワークで、それらの最終的な成果は完成した商品」として定義されています。世界システム論が世界的なスケールの史的な、きわめて包括的枠組みを擁していたのに対して、これをもとに個別具体的なアプローチを切り開こうとしたのが一九九〇年代に登場したゲレッフィさんたちです（文献⑧参照）。その一連のアプローチがGCC（グローバル・コモディティチェーン）と呼ばれます。ゲレッフィさんらは商品連鎖を「ある商品や製品、それにかかわる世帯や企業、あるいは国家が世界経済システムのなかで相互にかかわりあう組織間のネットワークによって構成されるもの」と定義しています。しかしこれらの定義では抽象的すぎてピンとこないでしょう。もう少しわかりやすく説明しましょう。世界システム論にしろ、GCCにしろ、鍵と

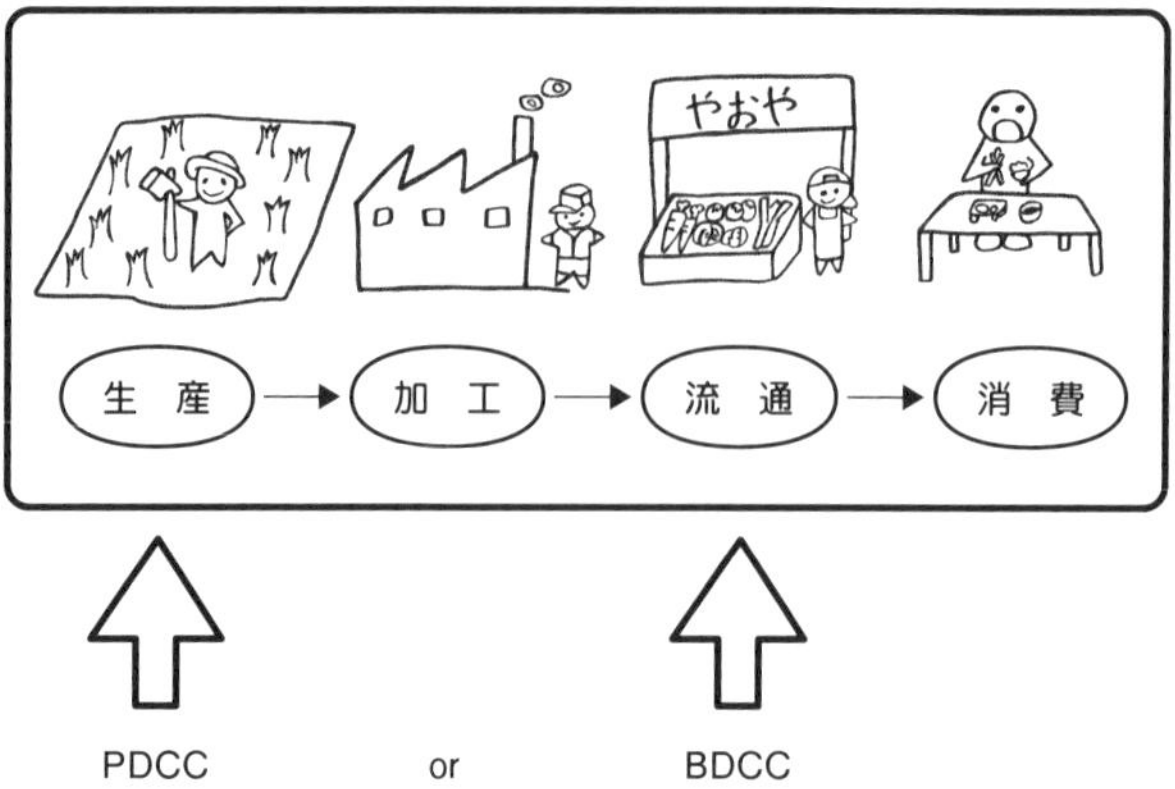

図4－2　フードチェーンをコントロールする力がどこにあるのか？

されるのが「商品」です。「商品」によって、世界経済の周辺（periphery）と中核（core）が連結される、よりふみ込んでいえば、周辺における農作物などの原料の生産と中核での小売・消費という二つの世界が「商品」によって連結されているとみるのがこのアプローチの特徴です。中核（北側世界／先進国）で消費される商品が、いかにして周辺（南側世界／途上国）を巻き込んだ生産・供給の仕組みを抱えているのかをとらえようとします。

もう少し説明しましょう。コモディティチェーン（CC）は大きく二つに分けられるといわれます。一つはPDCC（Producer Driven）のチェーン、もう一つはBDCC（Buyer Driven）のチェーンです（図4－2）。前者は生産者が主導、後者は買い手が主導するチェーンということです。誰が商品連鎖を牛耳っ

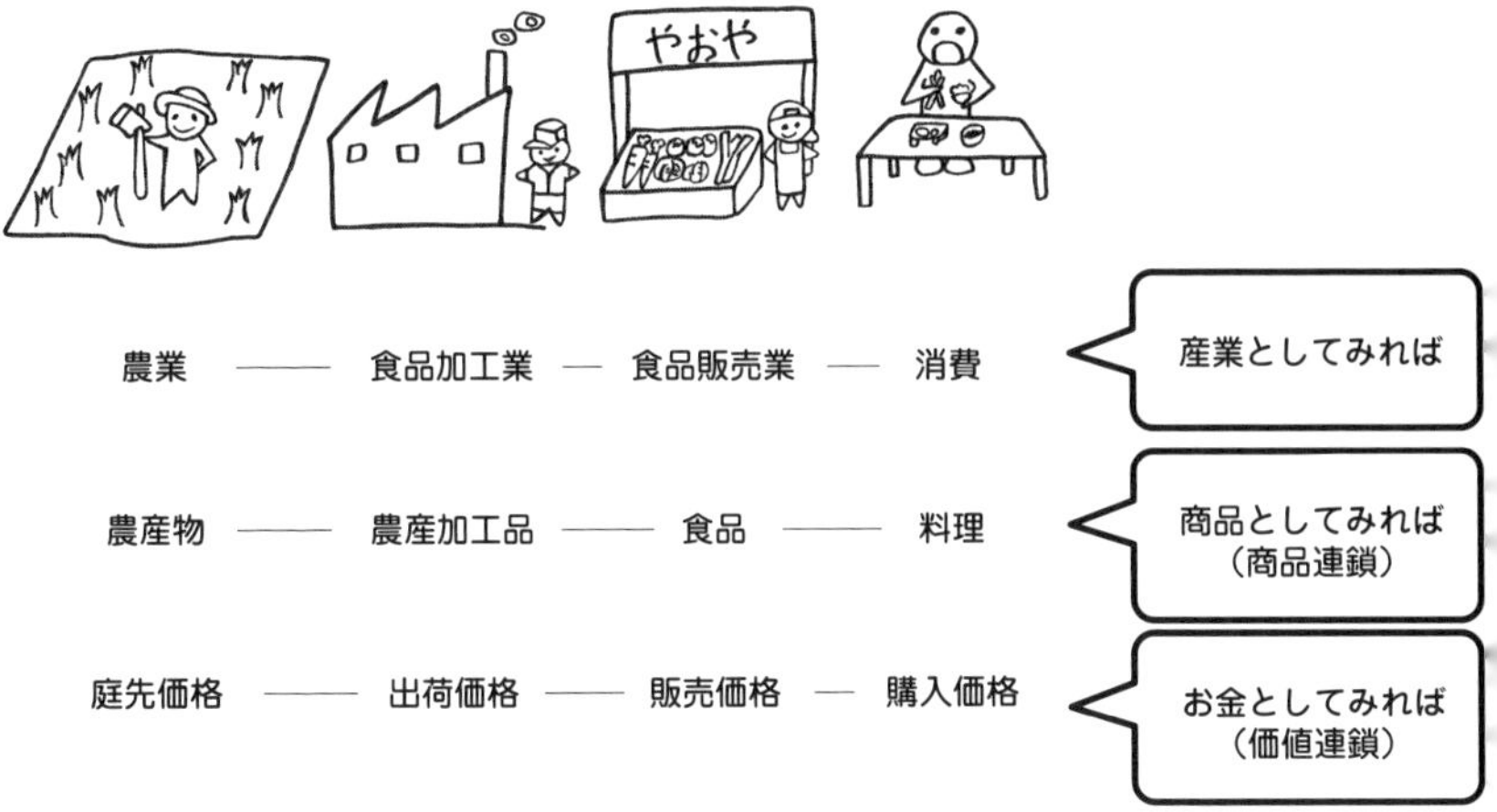

図４－３　価値連鎖

ているのかという分け方です。ＰＤＣＣは商品を生産するほうがチェーンを統治するポジションにあるというもので、たとえば自動車産業や航空機産業をイメージするとよいでしょう。高度な生産体系や技術、高度な熟練技能者や最先端の研究開発組織の存在などが必要です。ここではたとえば自動車会社が主導権を握った（自動車の）商品連鎖が構築されます。一方、ＢＤＣＣは商品のつくり手ではなく買い手が主導します。この場合の買い手とは消費者というよりも、生産者から製品を買い取る流通業者や販売業者などのことです。たとえば、玩具や衣料品など生産過程で高度な能力や技能を必要とせず、非熟練労働者でも容易に生産が可能なものがこれにあてはまります。

農産物や食料の場合は典型的な後者（ＢＤＣ

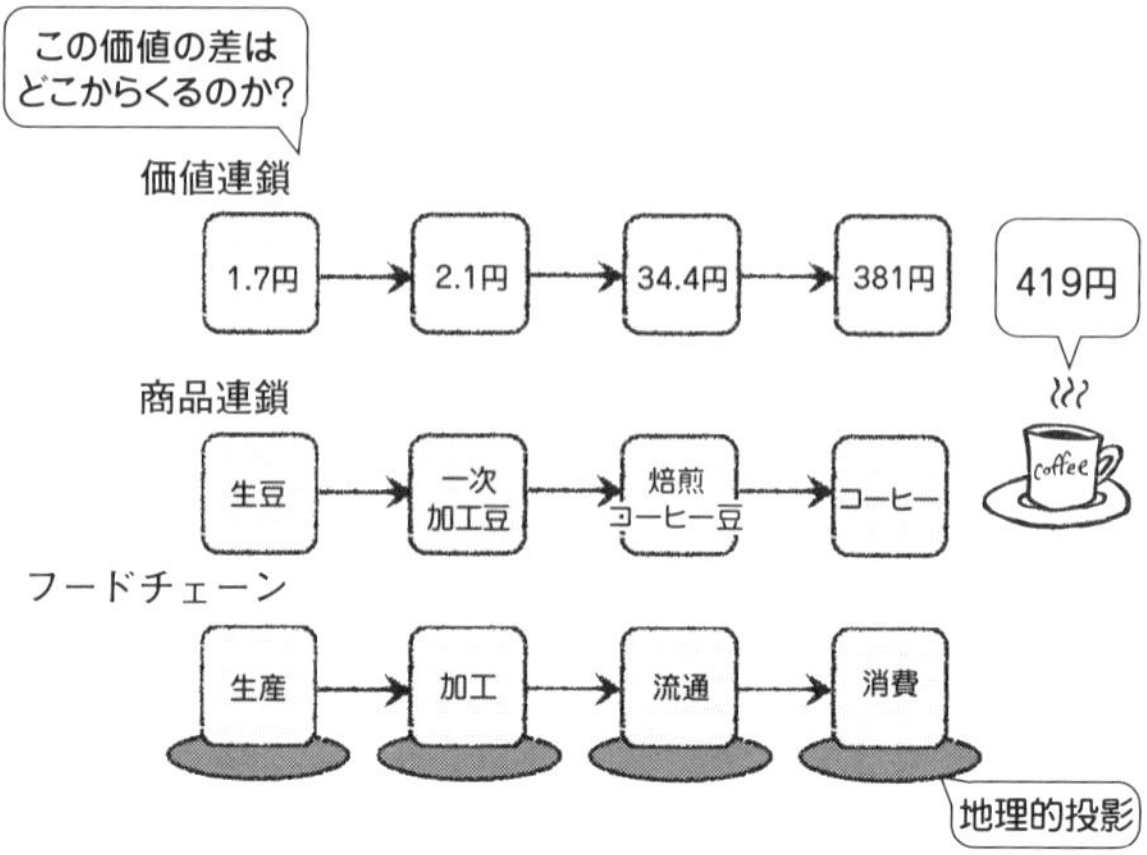

図4－4　コーヒーをめぐる価値連鎖・商品連鎖・フードチェーン

C）のパターンということができます。たとえば、ネスレやスターバックスといった企業の商品（コーヒー）を私たちはよく口にしますが、これらの会社がコーヒー生産者というわけではありません。また、世界各地のコーヒー農家がコーヒーの商品連鎖を牛耳っているというわけでもありません。

ここまで読み進まれた読者にはフードチェーンと商品連鎖が同じものをみていること、名称が違うのはみている方向が違うだけということが、すでにおわかりかと思います。対象を農（林水）産物、食料とみなせばフードチェーンですし、農（林水）産品、あるいは同加工品、食品とみなせば商品連鎖です。前者は食べ物を媒介としたより一般的な概念とみなすこともできます。一方、後者では商品として対象をとらえていますからそのチェーンには商品の対価

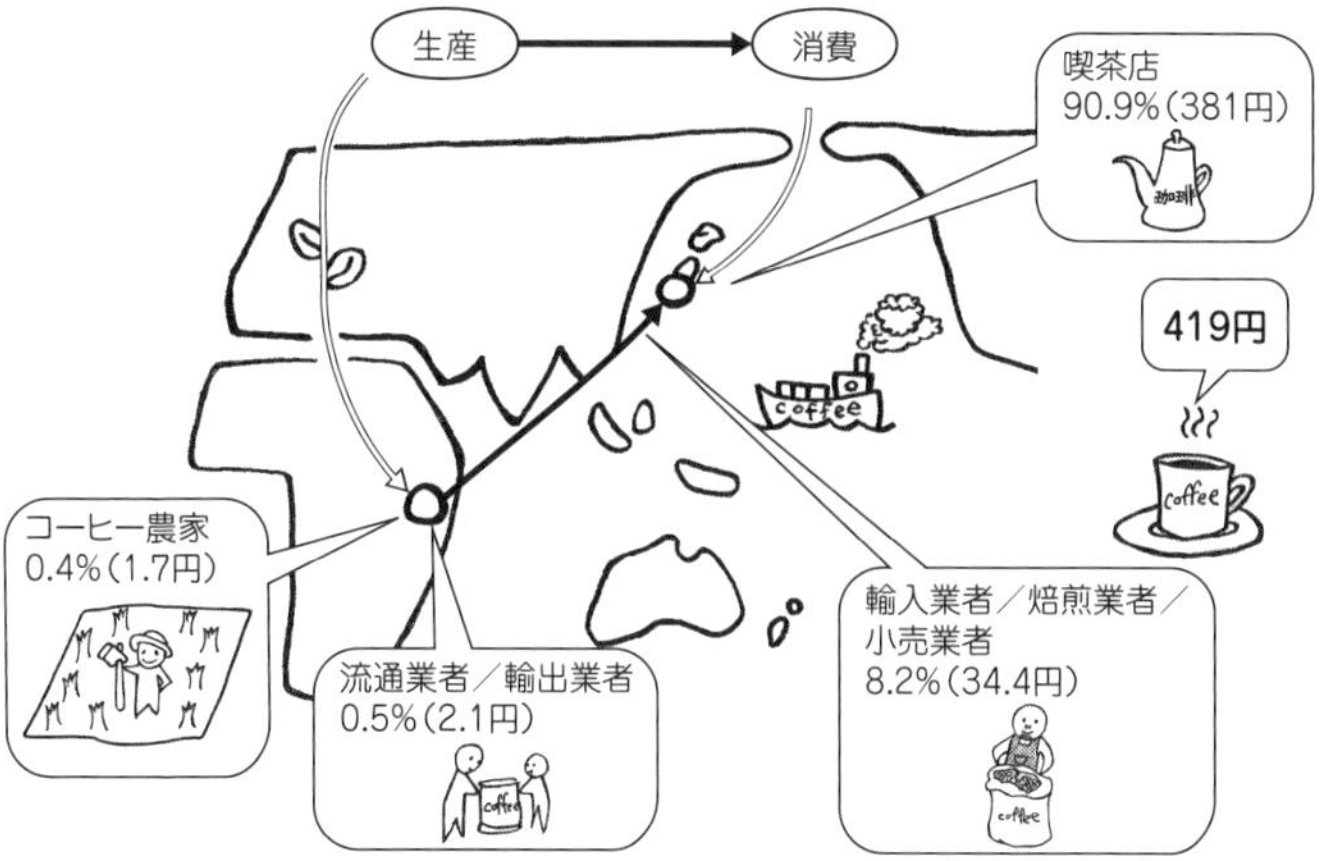

図４−５　コーヒーをめぐる価値連鎖（コーヒー１杯419円の内訳）

としてのお金が反流として流れていることが透けてみえます。さらに「価値連鎖（value chain）」という概念もあります。ここではむしろお金のほうが前面に出てきて、その向こうに商品や食料が透けてみえているというイメージがあてはまるでしょう。図４−３はそれらを模式的に示したものです。

『おいしいコーヒーの真実』（原題は『Black Gold』）という映画がありました。「一杯三ドルのコーヒーに対して農家が手にするのは三セント（for a three doller cup of coffee a farmer earns three cents）」というところからお話がはじまります。少しばかり乱暴ですが、コーヒーの商品連鎖をめぐる状況を端的に示すものでもあります。この映画の監修に携わった私の友人の辻村英之さんという経済学者が計算した日本のコーヒーの価格の内訳があります。コーヒー一杯四百十九円として、その内訳はタンザニアのコーヒー農家の取り分一・七円（〇・四パーセント）、タンザニアの流通業者・輸出業者二・一円（〇・五パーセント）、日本の輸入業者・焙煎業者・小売業者三十四・四円（八・二パーセント）、日本の喫茶店三百八十一円（九十・九パーセント）という数字が得られました。これをフードチェーンの地理的投影の手法にのっとって、地図のうえに内訳を落としてみましょう（図4－4、図4－5）。一杯のコーヒーという食品であり商品であり、四百十九円という価値であるものが、地理的に投影されます。タンザニアの農家においてはコーヒーの豆であるものが、収穫後外皮などが除去され、水洗いされ、乾燥されパーチメント豆という状態になります。その次のタンザニアの流通業者・輸出業者の段階では銀皮の脱穀と格づけがおこなわれ、生豆（グリーン豆）となり船積みされます。日本の業者が焙煎して浅煎りとか中煎りとか深煎りの豆になります。最後に喫茶店で器に入った飲み物のコーヒーとして最終消費者の前に提供されます。これがフードチェーンであり、商品連鎖です。一方、それらを一・七円、二・一円、三十四・四円、三百八十一円という連鎖としてみることもできます。これが価値連鎖です。そしてその地理的投影です。

もちろんコーヒーだけではありません。いろいろな食べ物がもっているチェーンとそれにかかわる世界が、この枠組みを通してみえてきます。その名もずばりジオグラフィーズ・オブ・

コモディティチェーンズ（『*Geographies of Commodity Chains*』）という本があります（文献⑨参照）。この本に取り上げられるいくつかの食べ物を紹介してみましょう。サブサハラアフリカ（サハラ以南のアフリカ）からイギリスへの生鮮野菜、ガーナのココアとシアバター、熱帯のエキゾチックなフルーツなどなどです。このほかにも、狩猟民の捕まえた肉の販売や麻薬のチェーンなど、いろいろな商品連鎖の研究があります。そこから何がみえてくるでしょうか。商品連鎖のアプローチはすなわち、チェーンを支配しているのは誰か、チェーンのどこに重心があるのか、ということに目をつけたアプローチといえます。価値連鎖はすなわちどこが経済的な価値（あるいは社会的価値、文化的価値と置き換えることも可能です）を生み出しているのか、それを操っているのは誰か、を解明しようとするアプローチといえます。こうした観点はフードチェーンの研究をおこなううえでもとても重要なアプローチの一つです。

3　フードネットワーク論（FN）

私たちの日々の食事は、国内のみならず海外で生産された食べ物によって大きく支えられています。私たちが「毎日腹いっぱい食べられる」のは、食料を安定的かつ大規模に供給してくれるグローバルなフードチェーンが発展しているからこそといえます。

ところで、このような食のグローバル化は、資本による「食の工業化」、すなわち「食にかかる「自然」への支配力の強化」を通じて進められてきたという側面があります。というのも、企業が世界規模での食料調達や販路開拓をおこなううえでは、通年供給や長距離輸送の弊害となる「食固有の自然的要素」(腐敗性、季節性、バイオリズムなど)を克服する必要があるためです。それゆえ資本は、「食料そのものの工業化」(たとえば、遺伝子組み換え作物や人工肉の開発)や「食料供給プロセスの工業化」(たとえば、農薬や化学肥料の利用)を通じて自然が食料供給に与える影響を最小化し、フードチェーンの広域化・安定化を達成したわけです(文献⑩参照)。しかし、食のグローバル化は人々の食生活を量的な面で豊かにしてくれる一方で、BSE(牛海綿状脳症)、食中毒、食品偽装といった問題を人間社会へともたらしてきたのも事実です。つまり、「自然の摂理を無視した工業的な生産様式」やそれにともなう「生産者と消費者との距離の拡大」が、食料の質や安全性の保証(「おいしいものを食べられる」ということ)を揺るがすような問題を引き起こすようになりました。

このようななか、日本をはじめとする先進諸国では、グローバルなフードチェーンの見直しをはかり、特定場所の地理的環境と結びつく度合いの強いフードチェーン（以下、便宜的に「ローカル・フードチェーン」）を構築／再評価しようとする動きが出てきています。繰り返しになりますが、食のグローバル化は食料の自然的要素を克服するための食の工業化と、それにともなう食料供給の長距離化・大型化により展開するという一面があります。したがって、それへの対抗的な動きともいえるローカル・フードチェーンは、食の自然的要素を重視したり、広域化した食料供給のプロセスを短縮したりする動きとして立ち現れます。具体的な例としては、産消提携（消費者が農業生産者との直接的な関係の構築を通じて、有機農産物などの購入をおこなうもの）、スローフード（イタリアのブラという町ではじまった運動で、伝統的な食材やその生産様式の保護・継承を目的としています）、ＣＳＡ（Community Supported Agriculture＝主にアメリカ合衆国などでおこなわれている「地域に支えられた農業」のことで、日本の産消提携から影響を受けたといわれています）などの実践があげられます。

ローカル・フードチェーンの特徴をもう少し細かくみると、以下の三つの点を指摘できます。一つ目は、生産地域の自然や文化とリンクした食料の質が重視されるという点です。一口に食料の質といっても価格や量、効率性といった経済的指標に関連するものから、栄養や機能性といった栄養学的指標に起因するものがありますが、ローカル・フードチェーンにおいて主に重視されるのは、生産地域を取り巻く自然・文化・社会環境との結びつきの強いものです。たとえば、「環境に優しい有機農法でつくられた〜」（生産方法）、「自然豊かな〇〇地域産の〜」（地理的源泉）、「伝統的な製法でつくられた〜」（真正性）、「〇〇さんが丹精込めてつくった〜」（生産者）といった要素が質の訴求点として利用されるわけです。

二つ目の特徴としては、フードチェーンに介在する人々の短絡化された関係の構築があげられます。グローバル・フードチェーンは、長距離で複雑かつ合理的に組織化されたものであり、どちらかといえば顔の見えない（匿名性の高い）、出自の不明瞭（没場所的）な食料の取引が卓越することとなります。ローカル・フードチェーンでは、そのような生産者（川上）と消費者（川下）との関係を短絡化し、チェーンを通じて伝達される情報を豊富にすることが目指されます。ここでいう短絡化とは、単なる物理的距離の削減を意味しているわけではありません。生産者と消費者のあいだにおける媒介者の数の削減や、なんらかの媒体を通じた人々のあいだでのコミュニケーションの質の向上、多国籍企業のような強力なパワーホルダー（支配力を有する主体）との接触の最小化をも意味します（文献⑪参照）。

最後は、担い手の小規模性です。一般に、ローカル・フードチェーンに介在する生産者や食品加工業者は小規模である場合が多いといわれています（文献⑫参照）。グローバルなフードチェーンは、大規模な食料関連企業（たとえば、マクドナルド社やモンサント社など）がイニシアティヴをもつ形で構成されていますが、ローカル・フードチェーンはグローバル化に追随しない、もしくは対応できない人々が中心となって形成されています。それゆえ、日本でもローカル・フードチェーンの構築が零細農家や地場食品企業の生存戦略へと組み込まれることがしばしばあります。

＊＊＊

では、そもそもなぜ人々は「生産地域の自然や文化とリンクした食料の質」や「短絡化された関係」「担い手の小規模性」を重視するのでしょうか。このようなローカル・フードチェーンの出現を理解するうえでは、さしあたり、以下のような疑問に対する答えを導き出していくことが重要といえます。「人々が食のグローバル化にともなうフードチェーンの広域化・大規模化やその帰結をどのようにとらえ、短絡化された小規模な良質食品のチェーンを形成するようになったのか」、「ローカル・フードチェーンは人々を惹きつけるいかなる優位性を備えているのか」。前者に関しては、①「ローカル・フードチェーンが形成されるプロセス」を明らかにする必要がありますし、後者については、②「形成されたローカル・フードチェーンの特徴やそれが食料供給において果たす機能」を解明することが求められます。その際、有効な分析の枠組みを提供してくれるのがネットワーク的な視点（以下、「フードネットワーク論」と表記します）です。

フードネットワーク論の基本的な特徴は、「フードチェーンに介在する人々がみずからを取り巻く状況をいかに解釈するのか」、「その解釈にもとづいてどのような判断を下し、いかなる行為・相互作用をなすのか」、「それらの帰結として形成されたチェーンはどのような機能を果たしうるのか」といった諸点に着目しながら、特定のフードチェーンの生成や変容を説明する点にあります。とりわけ、食のグローバル化に対するローカルレベルの人々の対応に焦点をあてることで、グローバル経済下における多様なフードチェーンの出現（≒食をめぐる空間的多様性の高まり）を説明しようとします。また、食のグローバル化を説明する従来のアプローチが主に多国籍企業などの大規模な主体へと着目するのに対し、フードネットワーク論はそれらの視点において捨象されがちな小規模な主体（たとえば、零細農家）にも焦点をあてます。

では、このフードネットワーク論は、先のローカル・フードチェーンをめぐる疑問に対して具体的にどのような方法でアプローチしていくのでしょうか。まず、①「フードチェーンの形成プロセス」に関しては、「人々がいかなる戦略のもと、「チェーンを下支えする社会関係」へと他者を巻き込んでいくのか」に対して焦点をあてます。具体的には、人々の動機や目的、意思決定、相互作用などに着目しながら、他者の関心を調整し関係へと取り込むプロセスを分析します。このようなフードネットワークの視点は、「なぜ人々は「生産地域の自然や文化とリンクした食料の質」を重視するのか」という疑問を解明するうえでも有効な視点を提供してくれます。というのも、食料の質は、チェーンを構成する人々による良質食品の定義づけの過程（「よい質」に対する個人的基準や期待にもとづいて商品の性格を格づけする過程）により生み出されるからです。つまり、食料の供給にかかわるさまざまな人々の相互作用を通じて社会的に構築されるという側面があるためです。

一方、②「フードチェーンの特徴や機能」に関しては、「フードチェーンを介して人々がどのように結びついているのか」に焦点をあてます。具体的には、人々の位置関係、関係の規模やその地理的範囲、コミュニケーションの手段・質、関係を管理する仕組み、それらが個々の人々の行為に与える影響や食料の価値・意味の構築に果たす役割などを考察します。このようにさまざまな観点から関係の構造を検討することで、チェーンのいかなる特徴がどのようなアドバンテージ（利点）を生み出すのか、ひるがえってそれはローカル・フードチェーンの形成をいかに促進するのか、といった点を明らかにすることを可能にしてくれます。

＊　＊　＊

ここまでローカル・フードチェーンの主な特徴とそれへのアプローチをみてきました。欧米の地理学や社会学では、主に二〇〇〇年代以降、このようなローカル・フードチェーンに関する研究がさかんになされてきました。以下では、それらの研究を批判的に検討することで、ローカルな食の実践のさらなる理解に向けて必要とされる視点について考えていきます。

❖ローカル・フードチェーンはオルタナティヴ？

ローカルな食の実践に関するこれまでの研究では、ローカル・フードチェーンは「グローバル化・工業化したフードチェーンに対するオルタナティヴ（代替的なもの）」であるとの前提がとられる傾向にあります。しかし、そのような二元論的なアプローチにおいては、本来は多様な特質を有するフードチェーンが「オルタナティヴなもの」と「オルタナティヴでないもの（コンベンショナル（従来的）なもの）」とのいずれか一方に自動的に分類されてしまうこととなります。はたして、このような解釈は現実の食の世界を十分に反映しているといえるのでしょうか。たとえば近年、有機食品や地域食品の主流化という動きが指摘されています。この主流化は一般的に、大規模な食料関連産業が良質食品市場へと参入することで、ローカル・フードチェーンが本来有する理念や意味が徐々に変容していくことを指します。つまり、フードチェーンの担い手が大規模化することで、チェーン内で「大規模組織による垂直統合」、「広域・大型の流通システムの利用」、「小売部門における価格や量の重視」といった要素がきわだち、良質食品の供給に固有の属性（たとえば、顔の見える関係）が弱化することをいいます（文献⑬参照）。この場合、主流化されたローカル・フードチェーンを通じて供給される食料そのものは、「見かけ」上は小規模な非・主流化のチェーンから供給されるそれと大差ないものかもしれません。しかし、食料がたどってきたプロセスやその供給を支える人々の関係の特徴は明らかに両者間で異なるでしょう。

この主流化の例が示すように、「オルタナティヴ」と形容されるフードチェーン間でもそのオルタナティヴな性格が異なることが予想されるわけです。つまり、今日の食の世界はオルタナティヴ（ローカル）対コンベンショナル（グローバル）といった二分法で語られるほど単純ではなく、きわめて複雑であいまいな様相を呈しているといえます。それゆえ、ローカルな食の実践のさらなる理解に向けては、一見同様の良質食品のチェーンがそれぞれどのような特質を有しているのか、それらの違いが生み出される背景はどのようなものか、といった点を実証的に検討する必要があります。また、ローカル・フードチェーンが呈するオルタナティヴ性（alternativeness）の構成要素を丹念に検討し、どのような構成のチェーンがいかなる場面においてどのような機能を発揮しうるのかを見定める必要もあります。

❖ローカル・フードチェーンは社会的に埋め込まれたもの？

ローカル・フードチェーン研究は、食料取引における「社会的埋め込み（social embeddedness）」というものの役割を過度に強調する傾向にあります。ここでいう社会的埋め込みというのは、「人や組織の経済的行為が、社会関係の網に埋め込まれており、道徳性、信頼、配慮、尊敬、親交といった非経済的要素によって影響を受ける」ことを指します（もともと「社会的埋め込み」は、経済学者・人類学者であるポランニーが非市場社会における経済取引を説明するために提唱した概念です。経済社会学者のグラノヴェターさんは、そのポランニーの考えを市場社会における経済行為の分析にも拡張的に応用しました）。食の話に置き換えていうならば、生産者もしくは消費者の行為が、消費者ないしは生産者との個人的紐帯《ちゅうたい》（つながり）などによって左右されることをいいます。たとえば、消費者と「顔の見える関係」にある生産者が、「〇〇さんのために安全でおいしいお米をつくろう！」とするようにです。このような埋め込みの考え方は、ローカル・フードチェーンと従来型のグローバル・フードチェーンとの概念的な区別をなす際の指標として、主に二〇〇〇年代以降の研究において用いられるようになりました。

ところがここに一つの問題があります。それらの研究は、食料の取引における非経済的要素の役割を強調する一方で、「価格の考慮」や「私利の追求」といった経済的要素が人々の行為に与える影響を過小評価する傾向にある点です。現実には、ローカル・フードチェーンに介在する人々は必ずしも非経済的動機のみによって食にかかわる行為をおこなっているわけではありません。強い社会的紐帯のなかにおいても、経済的要素が人々の動機や行動を調整しうるわけです。無論、埋め込みはローカル・フードチェーンに固有のものでもありません。グローバルなフードチェーンにも程度の差こそあれ認められます。重要なことは、埋め込みの質や度合が、フードチェーンの機能や経済的・空間的な帰結といかに関連しているかを明らかにすることではないでしょうか。そうすることで、社会的に埋め込まれたローカル・フードチェーンのより強固な形成・存立の要件を洗い出すことが可能となります。

＊＊＊

冒頭でも述べたように、ローカル・フードチェーンは「食料の質や安全（おいしいものを食べられること）」を保証するものとして期待されています。人々の「短絡化された関係」が取引相手に対する信頼を醸成し、ひるがえってそれが非公式的な品質保証の装置として機能すると考えられているためです。しかし、ローカル・フードチェーンは、そのようなポジティヴな面ばかりでなく、ネガティヴな要素も内包していることを忘れてはいけません。たとえば、先進国で食料供給のローカル化を強化することは、途上国の食料輸出の機会を奪い取ることにつながる可能性も指摘されています（文献⑭参照）。また、ローカル・フードチェーンは先進国の社会的エリート（＝富裕層）を軸に構成されている場合が多いので、意図せずして貧困層などの社会的弱者の疎外を招いてしまうかもしれません。つまりそれは、必ずしも万人に「毎日腹いっぱい食べられる」ということを保証してくれるわけではありません。

　したがって、私たち食を学ぶ者にとって重要なことは、ローカル・フードチェーンを「人にも自然にも優しく、社会的・環境的に公正なもの」として過度に理想化するのではなく、グローバルなフードチェーンと同様、批判的観点から検討することといえます。ローカル・フードチェーンとグローバル・フードチェーンの双方の可能性と限界を見極めつつ、地球規模での食料供給体制の性能を向上させることが、「毎日おいしいものを腹いっぱい食べられる」ということの実現に向けた第一歩へとつながるのではないでしょうか。

《B　具体的アプローチ》

さて、後半で取り上げるのは食料の地理学が取り組んでいるいくつかの論点です。前半の理論的な検討ではあまりふれられないより具体的な課題について紹介します。ここでもグローバルなスケール、ローカルなスケールでの論点が出てきます。順にグローバル、ナショナル、ローカルと取り上げていきますが、それぞれの問題がそれぞれのスケールで完結しているとは考えないでください。グローバルであってもローカルであってもフードチェーンでつながれたひとつながりの問題であることを忘れないでください。

まずはグローバルスケールでの論点です。

4　貧困と食料

第3章で述べたこととかかわりますが、今日世界中にはまだ十分な質と量の食べ物を手に入れることのできない人たちがたくさんいることはご存じでしょう。貧困という言葉で置き換えてもいいかもしれません。こうしたテーマも食料の地理学の重要なテーマであることはいうまでもありません。どうやって毎日おいしいものをお腹いっぱい食べられるようにするのか、という問いは裏返せば、なぜ毎日おいしいものを腹いっぱい食べられないのか、と同じです。毎日おいしいものを腹いっぱい食べられる人とそうでない人のフードチェーンは何が違うのでしょうか。また、その地理的投影はどのような相異をみせるのでしょうか。

ここで貧困と食料に関する事項をあれこれと並べ立てるつもりはありません。すでにそのような情報は溢れかえっています。ここで、注意しておいてもらいたいことは「途上国の貧困」といった考え方です。従来は豊かな先進国と貧しい途上国というような二項対立的な見方が一般的でした。もちろんいまでもその考え方が通用しないというわけではありません。しかし、貧困ゆえに十分な食料を手に入れられないという問題は途上国だけの問題ではありません。先進国もその内部に毎日おいしいものを腹いっぱい食べられない人たちを少なからず抱えています。また、途上国といえども何不自由なく、毎日おいしいものを腹いっぱい食べられる人がたくさんいます。今日の世界では先進国対途上国といった枠組みで貧困と食料の話をすることの限界がみえてきています。どのようなフードチェーンを構築すれば、先進国であろうと途上国であろうと、十分な食料供給が可能になるのでしょうか。あるいはどのようなフードチェーンだから、それができないのでしょうか。そこに貧困と食料の問題を解く鍵があると私たちは考えます。

日本に暮らしていて「貧困」というと、どこか遠い国の出来事ととらえてしまうかもしれませんが、けっしてそうではありません。貧困あるいは貧困とまではいかなくとも、車をもっていないとか過疎地に住んでいるとか、そうした条件によって十分な食料を手にすることができないという問題はすでに私たちの身近な問題となりつつあります。これがフードデザート（食の砂漠）といわれる問題です。イギリスでは都市内部の貧困層、アメリカ合衆国ではアフリカ系アメリカ人、日本では高齢者の問題として現れてきていることが指摘されています（文献⑰参照）。

5　環境と食料／環境問題と食料

食料と環境問題を少し考えてみましょう。よく「お米がとれるところではお米で酒をつくり、麦がとれるところでは麦で酒をつくった」式の話を聞きます。たしかに、フードチェーンがまだ小さかった時代にはそのとおりだったでしょう。また、その時代には食料の生産も消費（この時代、基本的に両者は同じ場所でおこなわれています）もその地をとりまく自然環境に大きな影響を受けていました。狩猟採集にしても農業にしても、その地の自然環境、暑いとか寒いとか、雨が多いとか少ないとか、山が多いとか平野が広いとか、土壌がどうだとかこうだとか、に大きく依存していたからです。しかし、今日ではどうでしょう。毎日のように麦の酒やトウモロコシの酒、コウリャン（モロコシの一種）の酒、サトウキビの酒、サボテン（本当はリュウゼツラン）の酒だって飲むことができます。もちろんそれはフードチェーンが世界中をめぐっているからでもあります。

さてこの文脈で環境問題を考えてみましょう。従来フードチェーンが小さかったころにも人間は環境にそれなりの負荷をかけて生きてきたわけですが、それが過度に大きくなることはありませんでした。一定以上に自然環境への負荷が大きくなるとその地での食料生産が困難になります。あるいはその地での食料生産が困難になるほどの負荷がかかると、人間が生きていけなくなります。人間が生きていけなくなると、人間が自然環境に及ぼす負荷も減衰するという理屈です。基本的な食料がその地で供給されている世界、フードチェーンが小さく完結した世界では、それ以外になしようがありません。ところがフードチェーンが長くなり、他所から食料が供給できるようになるとどうでしょう。消費地では潤沢な食料の安価な供給も可能になりますが、生産地では食料生産ができなくなっても、他所からの供給に依存して、さらに環境への負荷をかけ続けることが可能になります。この仕組みを使うと人間が住めなくなるような環境になるまで改変、もはや食料が生産できなくなるまで土地からの収奪を進めることができます。そして食料生産ができなくなったら、その土地を放棄して、別の地での収奪を開始すればよいのです。

アマゾンでは熱帯の雨林が焼き払われ、刈り払われ、農地の開発が進められています。そこで安価で大量の農作物がつくられ、世界中の都市の胃袋を満たしてゆきます。これは今日の世界の話です。

また、人間の活動は環境によって説明できるとする環境決定論という地理学のきわめて古くてきわめて新しいテーマがあります。環境では決められない、文化的なアプローチをどうするのかとか、帝国主義の思想的根拠を提供したとかという議論がありますが、環境と人間のかかわりをどう論じるかは地理学者が追い続けてきたテーマでもあります。その意味では、その地でどんな食料がつくられているのか、その地でどんな食べ物が食されているのかは、地理学の観点から食料をとらえたときの重要な着眼点ということになりますが、何度も述べているように今日では食べ物を収穫している場所と食べている場所はまったく違うということが当たり前です。とりあえずは、環境決定論を離脱しないと、話が前に進みませんが、さてそれではどうしたらいいのでしょうか。

6　世界を覆うファストフードと食文化

産業革命が大量生産システムを構築したことをここで繰り返すことはしませんし、その過程で分業という生産の様式が広がったことについても同様です。そしてこの文脈が食料生産にもあてはまることは前章までに示してきたとおりです。食料の大量生産はIndustrial Agriculture（農業の工業化）によって、大きく進展し、農産物の加工や流通、消費においても大量流通、大量消費の仕組みが構築されてきます。これについても、およそこれまでに言及してきました。ここではそうした大量生産されて世界中に溢れかえろうとしている食べ物がもたらしたものについて考えてみましょう。

かつて多くの労働者によってようやく収穫できた量の小麦を数人のオペレーターと農業機械が片づけてしまう。それはある意味で理想型かもしれません。しかし、その過程で多くの農民がもっていた土地や農作物にかかわる技術や知識が失われてきました。農作業のときに使う農具をつくる技術も、農作業のときに歌った民謡も失われてきました。農機具は遠い土地の工場でつくられ、田畑にはトラクターのエンジン音がうなるだけです。それが悪いこととはいいません。私たちはそうしてつくられた食料を食べて暮らしています。そして同様のことは生産現場だけではなく、食品加工、流通、消費の場面でも起こっています。大量生産された食品が流通、消費されることで、それまであった商取引のスタイルは姿を消し、それまであった地方ごとの料理、集落ごとのレシピ、家庭ごとの味つけも薄らいできました。スーパーマーケットが食品の中心になり、八百屋や魚屋は姿を消しました。ダシ入り味噌が普及すると、家庭ごとの味噌汁の味の差は家庭ごとに選ぶメーカーや商品の味の差になりました。食料の大量生産、巨大なフードチェーンの構築はそれまでの小さなフードチェーンが保持していた文化的な側面にも大きな影響を与えたのです。

たとえば、その食の大量生産の一つの頂点をマクドナルドといってもよいでしょう。食料の大量生産がもたらす均一化、それは単に味の均一化だけではありません。サービスの均一化、文化の均一化、という側面も多分にもっているのです。そして、それが世界を覆う、そこにあるのはいったいなんでしょう（文献⑱参照）。

＊　＊　＊

さて、それまでの小さなチェーンが保持していた文化的な側面への影響ということについてですが、フードチェーンには食にかかわる知識・情報もたっぷり詰まっています。フードチェーンがつけ替えられるとチェーンに連結される各部分の性格も変わってきます。これまで自給用の食料をつくっていたところが、外部からの食料供給に依存する、あるいは外部からの食料供給に依存していたところが自給を高めるなどです。たとえば、第一次フードレジーム期には小麦の輸入地域であったヨーロッパですが、第二次大戦後から今日にかけて、小麦の自給率を向上させています。また日本や少なからぬ途上国は第二次大戦の前後で食料自給率を低下させているといわれています。

この過程で、たとえば自給用に営んでいた農業が、他所に食料を供給する農業へと変化すると、作物の栽培方法のみならず、栽培作物の品種や農業の経営方法自体が変貌していきます。

その過程で新品種や新技術が導入されたりします。同時にそれ以前におこなわれてきた方法が消えていくことも少なくありません。今日日本の農村でも、農業生産を縮小させているところが少なくありません。山間部など営農条件の悪いところに限らず、離農や農地の縮小が進んでいます。その過程で従来継承されてきたその土地の農業に関する知識、あるいはその地域で農業をおこなっていくうえで継承されてきた地域の知識（協働で水路や農業労働を管理する方法、どこでどのようなものがとれやすく、どこではどのような災害が起こりやすいなど）も急速に失われてきています。

同様に従来は多くの農家で自給されていた漬け物や味噌あるいはお茶などもいまではほとんど見ることができません。かつて私たちがもっていた技術や知識はすでに多くが失われてしまっているのだといえます。

さて、そろそろナショナルスケールでの論点です。このスケールでもっとも中心的な課題となるのが国家の政策、農業政策や食料政策となります。

7　食料生産と国家政策

　現代の人々にとって、もっとも重要な共同体の一つは国家であるといえます。その国家と食料との関係について、経済学者のアマルティア・センさんは、「民主主義国家において重大な飢饉は起こっていない」と述べています（文献⑲参照）。この言葉は、国家という共同体が果たすべき役割を端的に表しています。本書で繰り返し述べてきたように国家を統治する専門的な組織、政府のもっとも重要な仕事の一つは、さまざまな政策の実施を通して、国民が飢えないようにすることです。国民の食料を国内で生産すること、つまり国家単位での食料自給がずっと基本でした。それゆえ政府の食料政策の中心は、農業や漁業といった食料の生産がきちんとおこなわれ、生産物が滞りなく消費地に運ばれ、公正な取引を経て国民一人ひとりに過不足なく配分される物的な基盤や社会的な仕組みを整えることにあります。

　飢饉は一般に自然災害と考えられてきました。たしかに、農耕や牧畜、漁労などの活動は、自然生態系に依存するという側面を強くもっています。しかし、日照り続きが旱魃《かんばつ》を引き起こして農業生産を減少させ、それが飢饉につながるのは、森林が大規模に伐採されたり、灌漑《かんがい》設備が管理されていなかったり、また、旱魃の非発生地域や外国から食料が調達されなかったりすることによる場合が圧倒的に多いのです。生産活動をおこなう人間にとって、自然生態系はつねに予測不能です。ある地域での豊作や凶作の不確実性を別な地域の生産物でカバーする仕組みがないと、国全体が飢えてしまうことになります。先にあげた命題は、政府の政策づくりに国民の一人ひとりの声が反映されにくい国家では、そうした仕組みが全体としてうまく機能しないことを表しています。

もう一つ、第2章でもふれましたが、社会学者の藤田弘夫さんによる「都市は飢えない」という有名な命題を紹介しましょう（文献④参照）。必ずしも現代の話ではありませんが、都市と農村とを比較すると、不思議なことに、大規模な旱魃が発生したとき大量の餓死者が出てしまうのは、生産現場である農村のほうでした。藤田さんは、このことを都市のパラドクスと呼んでいます。

それに関連して藤田さんは、都市生活の古典的リスクとして疫病・災害・飢饉の三つをあげていますが、これらのいずれもが、自然の不確実性がどのように制御されるかという問題とかかわっています。衛生や防火などは、日本でも近代行政システムが成立する明治中期には、多くの都市で取り組まれていました。もちろん、食料取引を公正かつ円滑に進めるために市場を整備したり管理したりすることも、都市政府の古くからの重要な仕事でした。ただ食料供給は、都市だけでことが足りる問題ではありません。生産現場の農村や漁村と都市とがどのように関係を結び、それら両者を誰がどのように調整するかという、もっと広域的な課題とかかわります。

以上の議論を、第二次世界大戦後の日本における農業政策を例に、もう少し具体的に考えてみましょう。

現在の日本では、国の制度や政策の重要分野に関して基本法を定めています。二〇一二年時点では四十ほどの基本法がありますが、このうち食料の問題に直接かかわるものとして、食料・農業・農村基本法、水産基本法、食品安全基本法、そして食育基本法の四つがあげられます。個別の法令や具体的な政策・計画は、基本法でうたわれる理念や方針にもとづいて決定されます。

戦後日本の農業政策の基本理念を最初に定めたのは、一九六一年六月に制定された農業基本法です。それから四十年近く経った一九九九年七月、食料・農業・農村基本法が新たに制定され、それと同時に農業基本法が廃止されました。食料と農村が法律の名前に加わったことになります。

法律改正の議論は一九九〇年代に入ったころからはじまります。GATTのウルグアイ・ラウンド（多角的貿易交渉、一九八六〜九四年）が大詰めを迎えていたころでした。一九九一年には牛肉とオレンジの輸入枠が撤廃され、次は、聖域と考えられていた米の輸入自由化が焦点になっていました。一九六〇年にはカロリーベースで七十九パーセントを占めていた食料自給率は、一九八九年には五十パーセントを下回りました。戦後の国際関係の基本にあった東西冷戦構造が崩壊し、食料安全保障にもとづく農業政策の枠組みは、少なくとも大規模な戦争や国際紛争に関する限り現実性を失いつつありました。イギリスでは、一九八〇年代後半にBSEにかかった牛が最初に報告され、一九九〇年代半ばには人への感染が確認されていました。日本では、二〇〇〇年代に入ると大規模な食品汚染や食品偽装が頻発するようになりますが、そうした食料スキャンダルの、まさに前夜にありました。生産地域の農村といえば、離農による農家の減少や耕作放棄地の増加に歯止めがかからなくなっていました。山間部や離島などの過疎化や高齢化がコミュニティの崩壊につながる、いわゆる限界集落の問題が議論されはじめたのもこのころです。

ここで、新旧の二つの基本法を簡単に比べてみましょう。

農業基本法を貫くキーワードの一つは近代化です。何を近代化するのかというと、灌漑設備や農業施設の整備、土地改良や圃場の合理化、機械や化学肥料・農薬といった新しい技術の導入、生産規模の拡大などがあげられます。これらを通して生産性、とくに労働生産性の向上がはかられました。農業構造改善事業が実施され、農村の生活環境の改善を含みつつ、現在まで形を変えながら続けられています。次に、農産物流通の合理化があります。これには消費者のことを考えてというよりも販路の確保による農家所得の向上や安定という側面が強いように思われます。それによって農業生産の選択的拡大をはかること、つまり、それぞれの農家や地域が得意とする農業を専門的におこなうことを奨励し、米作だけでなく畜産や果樹・野菜といった、需要が伸びつつあった農産物を供給する農業を育てようとする意図がありました。

一九六〇年代初頭の日本は、戦後復興が一段落し、高度経済成長期に本格的に入っていく時代でした。日本の農業は小規模な家族経営を中心としているために、生産性が必ずしも高くなく、成長産業であった工業とのあいだに所得格差が拡大していました。多くの人が都市に集まり、食料生産を強化する必要もありました。それ以上に、都市の基盤整備が進められるなかで、都市住民と農村住民との生活環境の格差も指摘されるようになっていました。こうして、農業基本法には、集約化・集中化・専門化といった農業の工業化を推し進めることで産業としての農業を強くし、そのことによって農家経営の安定と農村生活の向上をはかろうとする生産主義の考え方が指摘できます。

この考え方は、食料・農業・農村基本法にも基本的に引き継がれています。しかし、いくつかの新しい概念が加わりました。

まず、多面的機能という言葉です。農業は食料や繊維の生産のほかに、自然環境の保全、資源の涵養《かんよう》や災害の抑止、景観の保全やレクリエーション機会の提供、文化の伝承などに大きな役割を果たしていて、農業が衰退したり崩壊したりすると、こうした貴重な財産が失われてしまいます。農業の担い手は農産物を市場で売って収入を得ていますが、多面的機能にかかわる部分はその市場価格に反映されにくい側面をもっています。まして、市場競争に負けてしまう生産地域では、農業それ自体をどう維持するかということが問題となります。

これに対して、もともとは欧州連合（ＥＵ）の共通農業政策における議論ですが、デカップリングと呼ばれる、農業活動と食料生産とを概念的に切り離そうという考え方が出てきます。とりわけ、地理的条件が悪いために農業の生産条件が不利な状況にあり、兼業機会にも恵まれない、国土周辺部に位置する中山間地域が問題の焦点となり、多面的機能を担う部分について農家所得を国が補償する仕組み、中山間地域等直接支払制度が創設されました。

意外かもしれませんが、農業政策と、食料の確保を国家施策としてはかるという食料安全保障とを結びつける考え方は、新しい基本法ではじめて明示されます。その際、量的な確保だけではなく、安全（ないし安心）・安価・安定といった食料の質的側面にかかわる三つの基本事項があげられています。これらは、消費者や食品産業・農産物輸出入といったフードチェーンを意識した見方ともいえます。そして、食料・農業・農村基本法のもとでおおむね五年ごとに改訂される基本計画に食料自給率の目標を書き込み、農業関係者などが取り組むべき課題の指針とすると規定されました。

もちろん、法律が変わったからといって、社会が急激に変化するわけではありません。実際、日本の農業は、農業基本法で目指した方向とは大きく異なっていました。たとえば、労働時間は短くなりましたが、多くの農家は兼業化し、農業機械を農外収入で維持するような事態も生じていました。食糧管理制度のもとで、国家が米などの主要穀物の流通を管理する体制が存続していました。米の需給バランスが崩れ、米あまりが国家財政を圧迫していました。一九七〇年度には、米の生産調整制度（いわゆる減反政策）が本格的に導入されましたが、多くの農家は米作をやめようとはしませんでした。また農地法の管理下で、農地の売買や貸借による生産規模の拡大も思うようには進みませんでした。これらの制度は現在は撤廃されたり緩和されたりしていますが、日本の農業はマーケットメカニズムと相容れないやり方によって規制されてきたといえます。それにもかかわらず、食料自給率は、新しい基本法が施行されてからも低下しています。

このように、戦後日本の農業政策は、フードチェーンを国内に押しとどめようとする主として農業に携わる人たちと、より安価な外国産の食料を積極的に取り込もうとする食品加工業や流通業などの人たちとのせめぎあいによって形づくられてきたといえます。食料をめぐっては、意見を異にする多様な利害関係者がいます。それらのあいだをとりもつ仕事がいかに難しいかということがわかると思います。

二〇〇五年六月には、食事というプライベートの領域に国家が介入することに議論はありましたが、消費の側から食料や農業の問題を考えようとする食育基本法が成立しました。農業をやめてしまった土地を農地に戻すことは容易ではないし、耕作放棄地はまわりに連鎖するといわれています。一人の農民が一生のあいだに米をつくる回数はせいぜい五十回程度で、農業に関する技術や知識は世代を超えて継承される必要があります。私たちの食料供給は、このように脆弱な生産基盤のうえに成り立っています。ここに、国家や地域といった共同体レベルで農業の問題を考えなければならない必然があります。

三つ目はローカルスケールの論点です。

8　地域ブランドの先にある地域振興

農産物や食品に地名がつけられているものが、最近では多数みられます。「松阪牛」「かごしま黒豚」「夕張メロン」「魚沼産コシヒカリ」など、いったいいくつあるのでしょうか。数えきれません。全国各地で、農産物や食品の地域ブランド化が進められています。ブランドは、もともと牛などの家畜の所有者を間違えないよう、区別するために押した焼印のことです。そこから意味が拡張して、ブランドとは消費者や流通業者が区別できるよう、商品につけられた名前、マーク、デザイン、それらを通して形成される第三者の商品に対するイメージや評価を総合したものといえます。

名前に特徴があれば、ほかの商品と区別するのが容易だからブランド化するとは限りません。平凡な名称でもブランド化したものはたくさんあります。たとえば、単なる数字であっても、5番といえばシャネルの香水、501といえばリーバイスのジーンズ、98といえば中年世代以上の人はＮＥＣのパソコンを想起できるでしょう。つまり、ブランドは単に識別することが重要ということではなく、商品を差別化することで消費者に対して有利に販売することが重要だということです。

有利販売には二つの意味があります。第一に高く売れるかどうかということがあげられます。ブランド品といいますと、エルメス、ヴィトン、グッチなどの財布やバッグなどを、多くの人はイメージすると思います。これらは数万円から数十万円もします。私がふだん持ち歩いている財布の中身よりも、入れ物のほうが高いくらいです。本末転倒のような気がして私はそんなに高い財布をもっておりません。もっと安くても丈夫な商品はたくさんあります。では、なぜブランド品はとても高いのでしょうか。それは高くても買いたいと思う人がいるからです。いわゆるセレブ（英語の celebrity とは意味が異なります）と呼ばれるようなお金持ちの人たちばかりではなく、二十代、三十代の若いＯＬでもブランド品をもっている人はけっこういます。

こうしたブランド品は、素材が厳選され品質管理がきちんとおこなわれており、それなりのコストがかかっています。しかし、実用性という視点だけで商品を選べば、ブランド品の半額から十分の一くらいの価格で手に入れることができます。つまりブランド品は、同じような商品より高くても支払うという人がいるからこそ成り立っています。この価格差のことを価格プレミアムといい、ブランド品は価格プレミアム分だけ業者は余計に儲かります。ではブランド品を買った消費者は損しているのかといいますと、損しているわけではありません。偽ブランド品をつかまされた人は損したと感じるかもしれませんが、正規ブランド品を購入した人は満足しているはずです。ブランド品を身につけることによって、他人から羨望のまなざしで見られます。優越感に浸ることもできます。そのことが自分への自信にもつながります。こうした他人からオシャレに見られたい、ファッショナブルだと思われたいということを目的とした購買行動を顕示的消費といいます。ブランド品を購入する人は、満足（効用）の対価として価格プレミアムを支払っているのです。だからその価格はむしろ高くないと満足しないのです。このように購入価格が高ければ高いほど、消費者の満足感が高まることをヴェブレン効果といいます。

第二に継続して売れるかどうかということがあげられます。たとえば私事で恐縮ですが、私は缶コーヒーを買うときに、最近では売っている限り「ワンダモーニングショット」を選びます。朝専用と広告ではうたわれていますが、昼でも夜でもこれにします。ワンダが百四十円で売られていて、隣の自販機ではほかのブランドの缶コーヒーが百三十円や百二十円で売られていたとしても、ワンダを選びます。われながらすごい忠誠心（ロイヤルティ）だと思いますが、このように顧客が特定のブランドの商品を継続して購入することをブランドロイヤルティといいます。

消費者は購入する前に商品の効用をイメージします。百二十円で得られるほかの缶コーヒーの満足感と、二十円をケチったことによるがっかり感を比べますと、私の場合、後者のほうが大きいです。高くても購入することになりますので、企業は価格競争に巻き込まれずにすみ、やはり利益が大きくなります。ブランドロイヤルティは、ほかにビールやタバコといった嗜好品やチェーンレストランなどの飲食店で、比較的強いといえます。よく知っているレストランならば、価格とサービスについてはある程度予測できます。ブランドロイヤルティは、消費者にとってリスク回避行動の結果だともいえます。

農産物や食品をブランド化するにはどうしたらよいでしょうか。バブル経済のころならば、顕示的消費もさかんでした。世界三大珍味といわれるフォアグラ、キャビア、トリュフといった高級食材がはやったり、一貫数千円もする寿司や一個一万円以上の果物が、やや誇張していえば、飛ぶように売れたりしていました。しかし、失われた二十年といわれますように、デフレ経済が進行し、長期的に人々の所得が上がらないなかで、顕示的消費は人々の支持をあまり集めなくなりました。日本は歴史的に水田農耕を基本としてきました。そのことによりムラ社会が形成され、現在でも同質性を求める社会的規範が根強く残っています。他者の目は羨望から嫉妬へと変わったともいえます。

そうすると、ブランドロイヤルティを強化することが求められます。そこで重要となってくるのが品質です。食料の質として重要な基準にはいくつかあります。安全・安心もその一つですが、ブランド化で重要なことはおいしさです。おいしい食品とはどういうものでしょうか。食品の味は、糖度、塩分濃度、pH《ペーハー》、粘度などによって、理化学的に計測することは可能です。ただし、甘ければ甘いほどよいということでもありません。私がワンダをおいしいと感じるのは、苦味、酸味に加えて微妙な甘味とさらに後味のよさといった全体的な評価が私の感性にフィットしたからです。最近では、こうした味を総合的に計測できる味覚センサーが実用化されてきています。

しかし、味覚センサーでは私たち一人ひとりがもっている主観的なおいしさは計ることはできません。主観的なおいしさに含まれる要素の一つが経験です。「おふくろの味」という言葉があります。母親がつくってくれた手料理は大人になってもおいしく感じるものです。小さいころから慣れ親しんだ味だからです。もっとも、最近の食生活は「おふくろの味」というよりは「袋の味」といわれています。これは袋に入っている冷凍食品やレトルト食品といった加工食品が食卓に並んでいる状況を示しています。こうした加工食品は、多くの日本人にとってけっしてまずくはありません。「おふくろの味」は家庭ごとに違いますが、加工食品の味は日本人が好む味覚の最大公約数的なものだからです。

日本の加工食品の味が、外国でそのまま受け入れられるとは限りません。カップヌードルはインスタントラーメンを国際化しようとして日清食品が開発したものです。いまでは世界中で親しまれていますが、国ごとに味や麺を変えて販売されています。アメリカ合衆国で販売されているカップヌードルのほうが、日本のものよりもおいしいと感じる日本人はほとんどいないでしょう。それくらい味はかけ離れています。このように、おいしさは国によって大きく異なります。日本国内でも、関東と関西で味つけが異なることはよく知られています。経験的に獲得したおいしさは、一人ひとり異なっていますが、狭い地域内では比較的似ているのに対し、空間的に離れた場所や、外国に行くと大きく異なるのです。

主観的なおいしさに含まれるもう一つの要素は情報です。私たちは「この食べ物はおいしい」と思って食べるとおいしく感じることが多いです。だから、その場の雰囲気や見た目もおいしさに影響を与えています。現代の日本では、おいしいと思わせるような情報は氾濫しています。テレビをつければ、一流シェフのいるレストランが評判だとレポーターがいかにもおいしそうに食べている光景が映されています。雑誌を開けば、全国各地の取り寄せできる商品が美しいカラー写真つきで紹介されています。私たちは、これらを見たあとに食べると、「なるほど、やっぱりおいしい」と追体験することになるのです。最近は都市部に住む人たちが畑を借りて農作物をつくる市民農園が大人気です。家庭菜園やベランダでのプランターで野菜をつくっている人も多いです。つくる過程も土に触れて楽しいのですが、収穫物もなんとなくおいしく感じられるものです。おいしい気がすると表現したほうが正しいかもしれません。実際には、プロの農家がつくった野菜のほうが、味ははるかによいはずです。市民農園や家庭菜園の野菜の味には、自分で苦労して育てたという思いが含まれているのです。

「顔の見える野菜」というのが都市部の消費者を中心に人気があります。直売所や農家の庭先で生産者が直接売れば、まさに消費者は生産者の顔を見ることができます。さらに十年ほど前から、スーパーや生協が生産者や農協から直接仕入れる流通が復活してきました。一九六〇年代から七〇年代にかけて問屋無用論を背景に、産直（産地直送または産地直結）が注目されました。流通コストが下がらなかったり品ぞろえが不足したりして、下火になりましたが、二〇〇〇年代以降ふたたび着目されるようになりました。食の安全を揺るがす事件や産地偽装事件が相次いだからです。そこで小売店は、直接仕入れることで、生産者と消費者の間隙を縮め、安心感を出そうとしました。農産物や食品は、誰がつくって、どのように流通してきたのかがわからないと、不安になるときもあると思います。本当に「顔」が明らかになるよう、スーパーのＰＯＰ広告には写真が貼ってあったりします。バーコードやＱＲコードをパソコンや携帯に入力すると、農薬の使用や栽培方法などがわかる生産履歴を公開しているところもあります。食品に付随する情報には、どのような環境でつくられたのか、誰がどのようにつくったのか、どのような原材料を使用しているのか、つくった人の熱意や思い入れはいかなるものかなど、多岐にわたります。このような情報を農産物・食品のパッケージや店頭にすべて詳細に記載することは不可能です。実際に表示することができたとしても、取扱説明書にあるような細かい字が並べてあるだけとなり、読む人はほとんどいないでしょう。百九十八円のキャベツを一つ買うのに、いちいち読み比べていたら、晩ご飯の材料をそろえるのに何時間かかるかわかりません。つまり、消費者にとって情報を詳細に見比べて自分の必要とするものを選ぶことは、取引コストが大きすぎることになります。

そこで、こうした情報を凝縮して表現する一つの方法が地名です。私の家でよく買う牛乳に「北海道牛乳」や「北軽井沢牛乳」があります。北海道という地名から、北の大地で自然に育まれた農産物というイメージが想い起こされるのではないでしょうか。また、軽井沢といいますと、夏のさわやかな高原で牛がのんびりと草を食《は》んでいる様子が思い浮かぶかもしれません。そうした絵がパッケージに描いてあることもあります。狭い牛舎で飼われた牛よりも放牧で育てられたものの牛乳のほうが新鮮で本物のような気がします。このようにある種の地名は高級感、本物性、高品質といったことを消費者に伝える働きがあります。

昔は全国各地でさまざまな品種の農産物がつくられており、地名によって区別されてきました。狭い地域で採種や交配がおこなわれて、何年にもわたって特定の地域でみられる品種が受け継がれてきました。しかも、このような在来種は地域の気候や土壌などの環境に適したものです。農業の工業化によって、在来種の生産は縮小の経過をたどりましたが、京野菜ブームにみられるように、近年復活しつつあります。

さらに、農産物を生産する農家は小規模だったので、まとまる必要がありました。出荷量が少ないとどうしても卸売業者などとの交渉がしにくいです。農産物は自然の影響を受けるので、毎日出荷できるとは限りません。地域の農家がまとまって出荷すれば流通経費を節減することもできるでしょう。そのため、日本では農産物の産地が形成されてきました。その標章として地名を使うことも多くの人にとってわかりやすかったことでしょう。

二〇〇六年から地域団体商標制度がスタートしました。地名を用いた名称を商標に用いることが条件つきで認められるようになりました。しかし、単なるネーミングでは地域振興につながりません。品質は、商品そのものに最初から内在しているのではなく、社会的な関係によってつくられるものです。消費者においしく食べてもらうための仕掛けが必要なのです。つまり、食品に物語性を加えることも必要でしょう。たとえば、牛肉の場合、飼料にしても、飼養方法にしても、肉牛生産にこだわりをもち、生産者の心意気を消費者に伝えていくということがあげられます。たとえ、肉質の改善には、大きな相違がなくても、特別に生産されたものは、おいしいと感じることが多いものです。豊かになった私たちは単に栄養をとるために食餌をしているわけではありません。食品に付随する情報も一緒にとりながら食事をしているのです。

9　食べ物の食べられない／食べない部分の話

食べ物は、食べる部分（可食部分）と食べられない部分（不可食部分）と大きく二つに分けることができます。ここでのキーワードは、「食べるもの」「食べられないもの」「食べるものだけど捨てちゃっているもの」という三つです。

ふだん、私たちが食品スーパーでお米、お肉、お刺身などを手にするときには、すでに食べられない部分が取り除かれています。一方で、野菜や果物、鮮魚の食べられない部分は、レストランや家庭などで調理するとき、もしくは食事をしているときに取り除いています。その取り除かれた食べられない部分の行く末はどうなっているのでしょう。廃棄物として捨ててしまえばただのゴミとなってしまいますが、活用する方法はないのでしょうか。

私たちのご先祖様は、獲物をとったり、田畑を耕し、加工・調理をしたりしてご飯を食べていました。そのため、自分たちで食べる部分と食べられない部分に分けていました。食べられない部分はただ捨てるのではなく、毛皮で衣類をつくったり、作物の肥料として利用したりしていました。いまは、作物を育てる人、食材を加工する人、調理する人といったように細かく役割分担されているため、食べられないものがどのように活用され、またどのように処理されているのかがみえにくくなっています。

＊＊＊

牛肉を例として考えてみましょう。私たちが食品スーパーで目にする牛肉は、「精肉」と呼ばれる状態でパック詰めされて売られています。畜産農家から出荷された牛（生体）は、食肉加工場で、屠畜解体作業がおこなわれます。屠畜解体作業では、牛の頭を落としたり、血抜きをしたり、皮を剝いたり、内臓を取り除いたりして、「枝肉」にします。「枝肉」は、市場を通り、小売業者で「精肉」にされ、私たちの食卓へと届けられます。

では、食肉以外の食べられない部分として食肉加工場で廃棄される部位はどのように処理されているのかみていきましょう。

食肉加工場で生体から枝肉へ加工される段階で発生する特定危険部位と呼ばれる牛の頭部や脊髄・脊椎、回腸の末端部は焼却処分されますが、皮、脂肪、骨、内臓は油脂、肥料、飼料（餌）などとして使われています。これらを処理する産業をレンダリング産業といいます。レンダリングは北米の食肉加工業から生まれた言葉で、脂肪を溶かし、精製して油脂にするということを意味しています。レンダリング工場では、そのまま食用にできない牛や豚の脂肪に熱を加えて溶かし、食用・工業用の油脂として活用されています。たとえば、牛脂などは、食用加工油脂となり、マーガリンやショートニングなどの原料に、豚脂はトンカツなどの揚げ物に利用されるラードとして使われています。また、工業用としては、石けんやゴム添加剤などがあります。

私たちの大好きなラーメンにもこれらの原料が使われています。それは、ラーメンスープの命でもある豚骨です。豚の骨や脂肪、鶏ガラや牛の尻尾もスープにはなくてはならない食材です。その他、インスタントラーメンやスナック菓子の隠し味としても、豚や鶏の骨が天然調味料として使われています。油脂の製造後に出てくる肉粉と呼ばれる搾りかすには、タンパク質やカルシウムが含まれており、家畜の飼料、ペットフード、養魚用飼料として使われていて、穀物では補えない栄養分として供給されています。また、有機質肥料として、野菜などの肥料としても利用されています。また、牛や豚の皮は、食肉加工場内で皮が腐敗しにくい処理を施し、原皮にする作業がおこなわれています。原皮は国内の製革業者へ販売されたり、外国へ輸出されたりして、カバン、財布、名刺入れなどの革製品の原料になっています。

＊＊＊

田んぼや畑、牛や豚、鶏などの畜舎では、食べ物を生産していますが、食べないものも一緒に生産されています。ここでは、私たちの主食のお米とメインディッシュとなるお肉で考えてみましょう。

私たちが食品スーパーでお米を買うとき、精米されたものを買うことが多いでしょう。昔は田んぼで稲を刈ったあと、「はさがけ」「棒かけ」というスタイルで天日乾燥し、脱穀をしていました。いまでも、昔ながらのやり方をしているところもありますが、高齢化が進んだことによって、ハーベスターという機械を使って、田んぼで稲を刈り取りながら、脱穀、選別まで同時におこなっています。その後、籾米《もみごめ》はカントリーエレベーターと呼ばれる専用の施設で水分を飛ばし、玄米にします。さらに、多くは精米されてから店頭に並べられています。

では、田んぼから店頭に並べられるまでに発生する稲わら、籾殻はどのように活用されているのでしょうか。稲わらは、牛の寝床に使われるほか、田んぼの肥料として耕すときにそのまま一緒に鋤《す》き込むこともあります。籾殻も稲わらと同様に牛や豚の寝床として使われるほか、除湿効果があるため、リンゴやサツマイモを貯蔵する際にも重宝されています。また、殺菌力、除湿効果をより高めるために、籾殻を蒸し焼きにして籾殻燻炭《くんたん》として田んぼや畑の土壌改良剤としても利用されています。電気コタツが普及する以前は、練炭や籾殻燻炭を利用して暖をとり、使用後は田んぼや畑へ肥料として還元していました。

次にお肉、すなわち牛、豚、鶏などの畜産物の食べないものを考えてみましょう。前に「食べられない部分」は話しましたが、ここでは「食べない部分」の話です。牛、豚、鶏も私たち人間と同じようにご飯を食べ、うんち（排泄）をします。動物たちは私たちのようにトイレに行って、水で流したり、部屋を掃除したりすることができないので、家畜として飼う場合には世話をしてあげないといけません。昔は、毎日牛たちを移動させて、部屋を掃除しなければなりませんでした。いまではバーンクリーナーというふん尿溝に溜まった排泄物を自動で回収し、貯留槽（排泄物を溜める大きなタンク）へ流してくれる機械が導入され、毎日部屋掃除をする必要がなくなりました。豚の場合は、部屋の床がすのこ状になっていることもあり、地下のタンクへ直接落ちる仕組みになっています。

動物の排泄物は、私たちがふだん使っているトイレのように、下水に流すことができない（大都市近郊の畜産農家では、人間と同じ下水道に流しているところもあります）ので、大きなタンクに溜まった排泄物は堆肥舎などの施設に移動して、乾燥・発酵させ、堆肥にしたり、排泄物から発生するメタンガスで発電して電気やガスにしたりして利用しています。

まだ機械化が進んでいないころ、農家では田畑を耕すための動力として、牛や馬を数頭飼っていました。稲わらや籾殻は家畜の寝床用として、排泄物は堆肥として田んぼにまいて資源循環させていました。機械化が進んでから、お米をつくる農家、野菜をつくる農家、畜産物をつくる農家というように分業化が進んで、昔のように食べないものを資源として循環することが難しくなってきました。かつては排泄物は畜産農家の所有している田んぼや畑にそのまま積み上げるという形（野積み、素掘り）で処理されることもありました。農家の飼養頭数が少なかったころや、畜舎の周囲に民家が少なかったときは、環境への影響は露呈しませんでした。しかし、大規模経営が進行したり、長年同じ場所へ廃棄物を積んだりしたことにより、河川の水質が悪化して飲み水として利用できなくなったり、人体へ影響を及ぼす感染症の温床になったりして、家畜排泄物の処理方法が問題視されるようになりました。

家畜の排泄物をそのまま田んぼや畑にまくと、水質汚濁や悪臭のもとになります。とくに、非農家との混住化が進行した地域では、畜産に起因する環境問題が露呈し、地域住民からの苦情対応が必要になる農家もありました。

二〇〇四年には「家畜排せつ物の管理の適正化及び利用の促進に関する法律（家畜排せつ物法）」が施行され、家畜排泄物を田んぼや畑に投棄（野積み、素掘り）することが法律で禁止され、堆肥化などの適正な処理が求められるようになりました。堆肥とは、動物の排泄物や籾殻などの有機物を発酵させたものです。なぜ発酵させる必要があるかというと、生の排泄物の状態では悪臭がひどく、不衛生だからです。発酵させれば有機物の分解過程で、発酵熱が発生することによって、病原菌や雑草種子を死滅させることができ、さらに良質の堆肥はまったく悪臭がしません。また、堆肥にすることによって、土に近い状態になっているため、土壌改良剤や肥料として利用しやすいという利点もあります。堆肥＝農家の人が使う肥料と考える人もいるかもしれませんが、家庭菜園などを楽しんでいる人は、ホームセンターや園芸店で牛ふん堆肥や鶏ふん堆肥を購入することができ、私たちの生活には身近なものになっています。

＊　＊　＊

バイキングに行って、食べたいものをお皿に山盛りついで残した経験、冷蔵庫の奥から干からびた食べ物を発見した経験をしたことがある人もいるでしょう。まだ食べられるのに食べ物を捨ててしまい、心痛めたことが誰しも一度はあると思います。食べるものがなくて、苦しんでいる人がいる一方で、食べ物を平気で捨ててしまう、残してしまう人がいます。食材があまって、田んぼや畑で収穫をコントロールするという話は第3章「1 量の話」に書かれているので、ここでは加工段階から消費者段階で食べられるのに捨てている食料ロス・食料廃棄（食品ロス）のことを考えてみましょう。

ちょっとした注記

◆国際連合食糧農業機関（ＦＡＯ）の報告書「世界の食料ロスと食料廃棄」では、生産段階から加工段階で捨てられている食材を「食料ロス」といい、小売・消費段階で捨てられている食材を「食料廃棄」

と示しています。一方、農林水産省では、ＦＡＯのような分け方はせず、捨てられている食材を「食品ロス」と示しています。ここで捨てられる食材というのは、不可食部分や食べ残しだけではなく、まだ食べられる食材も含まれます。

では、食料ロス・食料廃棄がどのぐらいあるかというと、加工段階と消費段階で捨てられている食材は、生産された食材の約三十パーセントを占めています。食料ロス・食料廃棄は、フードチェーンのそれぞれの段階で発生していますが、途上国と先進国では、それらの発生要因や発生量が段階によって異なっています。

日本の食料自給率は四十パーセントほどで、輸入に支えられている一方で捨てられている食材も多く、年間千七百八十八万トンが廃棄物となっています。うち可食部分の廃棄量は二十〜三十パーセントを占めています（平成二十一年食品ロス統計調査）。食べ物はつくるときも、捨ててしまったものを処理するときにもお金がかかります。たとえば、品質は同じでも、見た目が悪かったり（たとえば、曲がったキュウリや缶がへこんだだけの缶詰など）、規格外だったりすると敬遠されがちです。ですが、それを捨てるのではなく、活用方法を探すことで、新たな販路が確保されるようなフードチェーンをつくることはできないのでしょうか。

食料の地理学の可能性
あるいは終章

最後にこれまで十分に取り組まれていないけれど、みなさんにはぜひ取り組んでもらいたい、取り組む意義のあると思われる論点をいくつかあげてみたいと思います。

1　有事の食料の地理学

❖兵糧と兵站の地理学

古来、強兵（職業軍人）は食べるものを自分でつくらない者でした。強兵を多く抱えるということはそれだけ多くの余剰食料をもつということでもありました。また、軍隊は移動を前提とした大組織でもあります。戦場が固定されているわけではありません。この移動する大部隊にどのようにして食料を供給するのかは、戦闘時の戦術以上に重要であるともいえます。それなしには軍隊が維持できないからです。東西両陣営十数万の兵力が相まみえた関ヶ原の戦いの兵糧はいかにして確保されたのでしょうか。三万あまりの徳川家康の部隊が半月かけて東海道を西進しました。三万というと地方の小都市一つ分にあたります。これだけの兵力を移動させ、戦闘させるためには相当のカロリーが必要です。相当の食料補給をせずには戦い自体が成り立たないのです。「徴発（軍需物資などを住民から取りたてること）」をしたとか兵糧を担う部隊があったとか聞きますが、私はいまだ納得のいく答えを聞いたことがありません。

❖災害と食料供給

阪神・淡路大震災や東日本大震災を経て、災害時の迅速な物資の供給という側面にも関心が集まるようになりました。この場合の緊急物資として食料と医薬品があげられます。繰り返しになりますが、どんな状況でも食料供給を止めることはできません。それが止まると死んでしまうからです。また、死にいたらないとしても食料の欠乏は大きく人間の活動を制限するからです。それは災害時でも同じです。災害そのものの被害は軽微でもそれにともなって食料供給が滞ることで二次的な被害が大きくなってしまうことさえあります。また、かつてフードチェーンが短い時代には、生産機能が分散されていることもあって、災害にともなう輸送路の分断にも柔軟に対処することができました。しかし、今日のような長大で複雑なフードチェーンが稼働している状況で、災害により輸送路が分断された場合、寸断された場合、その影響は致命的ともいえます。とくに東日本大震災のように広域の被害が出た場合には食料をはじめとした救援物資の輸送が大きな課題となりました。阪神・淡路のケースでは、被害の少なかった大阪などから自転車やあるいは徒歩ででも物資を担いで被災地に向かうことができました。しかし、東日本大震災のようなスケールで被害があった場合、自転車や徒歩に頼る物資輸送には限界があります。その意味で私たちは、未知のステージにあるといえます。長大で複雑化したフードチェーンが広域的な自然災害を被った場合にどのように防御するかという取り組みはこれまでのどの時代にも経験したことがないからです。いま、私たちが取り組まなければならないことはたくさんあります。

その際、災害を受けて無傷のフードチェーンを想定することは不可能です。どのようなバックアップ体制をつくっておけるかが重要です。

❖食品事故と今日のフードチェーン

多発する食品事故をフードチェーンの観点から読み解いてみるというのも重要な関心事です。また、これがもっとも身近に潜む有事かもしれません。今日の高度化、複雑化したフードチェーンによって大きくなった食品事故のリスクが私たちの身のまわりに組み込まれてしまっているともいえます。自分の手で食料を手に入れていた時代には想像もつかなかったようなリスクにさらされているともいえます。そしてそれが顕在化しているのが今日ともいえます。

2　食料の景観論

景観論は地理学の古くからのアプローチですが、フードチェーンを通して食料をみたとき、景観論の新しい展開をみることができないでしょうか。ソウルの北、烏頭山《オドゥサン》統一展望台から北朝鮮を望むことができます。イムジン川をはさんだあちらとこちらの景観の違いが否が応でも目につきます。木々の生い茂る韓国側に対して、北朝鮮側では禿げ山が広がっています。燃料や肥料のための過剰な森林資源の採取の結果です。そこに対岸との食料事情の違いを見て取ることができます。そしてそれは北朝鮮の話だけではありません。戦中から戦後にかけての日本の山々も似たような状況にあったのです。古い地形図からはそうした景観を読み取ることができます（いまは無理ですが、明治期などの古い地形図には森林や耕地の情報がいまよりも丹念に記入されています。当時の地図作成は第一次産業の振興も強く意識していたわけです）。いまはウソのようですが、明治期の地形図を見ると山口県に広範に草地が広がっていた（森林ではなく）ことが確認できます。長州藩は江戸期を通じて石高を倍増させます。それはほかの藩を圧倒する増加率です。その背景にあった開発圧力の跡形をみることができます。また、そのようにして養われた強兵が明治維新を実現したともいえます。その一方、現代でも禿げ山の広がっているところがたくさんあります。たとえばアマゾンなどの熱帯林が消滅している話を聞いたことがないでしょうか。そして熱帯林を切り開いた農地でつくられたトウモロコシや大豆を誰が食べているのかを考えたことがありますか。フードチェーンを描いてみてください。

3　そして未知（?）の領域も

毎日おいしいものを腹いっぱい食べられること、をテーマとしてきました。それが幸せじゃないかといってきたわけですが、また、別の側面もあります。腹いっぱい食べないことをよしとすること、あえて食べないという美徳、宗教的な断食など、食べるという行為がもっている儀礼性や象徴性にかかわる側面があります。また、疾病や肥満、過食症などの側面でも毎日おいしいものを腹いっぱい食べるという行為に対して別の見解があるでしょう。前者は人類学の伝統的なテーマでもありますし、後者は医学や心理学あるいは社会学においても重要なテーマとなってきています。こうした問題に対する食料の地理学からのアプローチも今後期待したいと思います。

4　食料の地理学とそいつらの裏側――おわりに

日本ではまだまだ、オーガニック食品とかフェアトレードとか、エシカルトレードとか、フードマイレージとか、あるいは地球環境に優しいとか、地産地消とか、地域おこしとか、ご当地産品……とかいうと無批判的によいもの、よいおこないとして認識されがちですが、はたしてそうなのでしょうか。それらの取り組みを悪いというわけではありませんが、それらの限界とか抱える問題点とかを封殺してしまう雰囲気には賛成できません。一人ひとりにできることをやろうというのは悪いことではありません。しかし、それですべてが解決するのでしょうか。「一人ひとりの力で解決しましょう」という結論を示すことで、隠されようとしているものはないでしょうか。shitstemをみないようにさせようとする力はないでしょうか。

『僕たちは世界を変えることができない。』という映画がありました。カンボジアに学校をつくるという話です。こういう話があると、すぐ学校をつくることが目的になってしまいますが、それは方法であって目的ではありません。その学校を使って何をするかが重要です。フェアトレードをすることが目的ではありません。それによって何を実現するかが重要です。しかし、あまりにも多くの取り組みがそれらの取り組みをおこなうことが目的になってはいないでしょうか。この本は食料のことを書いた本ですが、ほとんどそうした話は出てきません。別にそうした取り組みが悪いといっているわけではありませんが、それらの善し悪しを自分自身で的確に判断できる能力を身につけてもらいたいのです。そのための思考方法やツールはこの本のなかで少なからず伝えてきたつもりです。

第3章で食の質と食品情報の話をしました。第4章で価値連鎖という話をしました。その価値、より高い付加価値を生み出しているのがチェーンのどの部分かという話です。たしかにほかにはない生産技術や加工技術が価値を高めるということも事実です。しかし、第3章の食品情報の話を知っていれば、情報を操作することができれば、きわめて高い付加価値を生み出すことが（その逆に価値をなくすことも）可能であるということに気がつくでしょう。私たちの食べているものの情報を誰が牛耳っているのでしょうか。あなたは操作された情報によって食べ物を選んではいませんか。

＊＊＊

みんなが毎日おいしいものを腹いっぱい食べられることというのが、この本のテーマでした。お金持ちだけが毎日おいしいものを腹いっぱい食べるのではなく、たとえ貧しくても食べるものだけは毎日おいしいものを腹いっぱい食べられる世の中であってほしいと思います。生産者が儲かるための話をするつもりもありませんし、食品加工業者の利益になる話、食品流通業者の利益になる話をするつもりもありません。また、消費者の権利や主張を声高に叫ぼうという気もありません。生産者を保護しろという主張についても同じです。個々のケースに応じて読者の皆さんが適切に判断してほしいと思います。その判断する際の力を身につけてほしいのです。この本に書いてきたことがその判断をする力の助けになることを願っています。

また、この本は食料の地理学の入門書として最低限必要なことを最大限に詰め込んだつもりですが、けっしてこれだけでは十分ではありません。そのために読書案内もつくりました。それでも取り上げられなかったおもしろい本、読んでもらいたい本がたくさんあります。すべてを語ることはできませんが、判断する力は伝えたつもりです。あとは読者のみなさんにゆだねたいと思います。

文献と読書案内——もっと食べたい人のために

＊基本的に日本語で読める文献は日本語版の情報を示しています。

【各章で言及される文献・直接関係する文献】

第1章

図1-3の出典についてですが、このボーラーさんという人が食料の地理学の教科書ともいえる重要な本をたくさん書いています。あわせて紹介します。

① *The Geography of Agriculture in Developed Market Economies*, I. Bowler ed., Longman Science & Technical, 1992.（日本語訳は『先進市場経済における農業の諸相』小倉武一ほか訳、食料農業政策研究センター、一九九六年）

もう二十年も前の本だけれど、私の食料の地理学の研究がはじまったのもこの本から。フードチェーンやフードシステムの枠組みもこの本に示されています。

② *Food in Society: Economy, Culture, Geography*, P. Atkins and I. Bowler, Arnold, 2001.

イギリスの地理学者、ボーラーさんとアトキンスさんが書いた食料の地理学の教科書。

食にかかわるアプローチが要領よくまとめられています。英語の本ですが、そんなに難しくはありません。入門書としてはこれ以上の本には出会ってません。こういう本を二〇〇一年に読める英語圏の学徒はうらやましい。本書で多少なりとも挽回《ばんかい》したいものです。

第2章

③トラフトンさんの話は Troughton "Farming System in the Modern World," M. Pacion ed., *Progres in Agricultural Geography*, Croom helm, 1986, pp. 93-123が元ですが、前述のボーラーさんの日本語に訳された本『先進市場経済における農業の諸相』(文献①)のなかでも出てきます。

④『都市の論理——権力はなぜ都市を必要とするか』藤田弘夫、中公新書、一九九三年。

タイトルからは想像できませんが、食料がきわめて重要なキーワードとして都市や権力が論じられています。この本のモチーフとなっている「都市は食糧を生産しないにもかかわらず、通常食糧生産をする農村よりも飢えない」という命題に対する私たち流の答えがフードチェーンということもできます。

⑤『孤立国』チューネン著、近藤康男・熊代幸雄訳、日本経済評論社、一九八九年。

農業立地論の超がつくほど古典的名著。ですが、この本をよく読むとそれは立地論というよりもフードチェーンのことを書いた本だということがわかります。もちろんチューネンの時代に、現代の文脈のフードチェーンの議論があったわけではありませんが、フードチェーンの文脈からも孤立国のアイデアは高く評価することができます。というより、いままでの研究者が「立地論」としてしか認識しなかったことによる限界といえるかもしれません。この本はまさに、都市とそれに食料を供給する農村とのあいだのフードチェーンの理論的な研究をしたもっとも古い本ともみなせます。なお、エッセンスだけ手軽に読みたいという向きには富田和暁『地域と産業――経済地理学の基礎（新版）』（原書房、二〇〇六年）がお勧めです。

第4章

〈フードレジーム論（FR）〉

⑥『フード・レジーム――食料の政治経済学』ハリエット・フリードマン著、渡辺雅男・記田路子訳、こぶし書房、二〇〇六年。

日本語で読めるフードレジーム論の本。近代史をまわす食料の大きなストーリーは興味深いです。ただし、近代がヨーロッパからはじまったように、フードレジームも欧米中心で描かれるのは仕方がないかもしれません。でも、胃袋の数は非欧米世界のほうが多いのですから、レジーム論に乗り込んで、もっということをいってもよいはず。

〈商品連鎖のアプローチ（CC／GCC）〉

⑦『ワールド・エコノミー』イマニュエル・ウォーラーステイン責任編集、山田鋭夫・市岡義章・原田太津男訳、藤原書店、一九九一年（新装版は二〇〇二年）。

世界システム論の本です。商品連鎖のつながりが世界をつくりあげたという話です。少なくとも私はそう読みました。商品を媒介にした鎖、最初は細くて短い鎖だったのが、太くて長くなって、本数も無数に増えて、そんな鎖でぐるぐる巻きになった地球を想像して、「これだぁ！」と思った若き日を懐かしく思い出します。

⑧ *Commodity Chains and Global Capitalism*, G. Gereffi and M. Korzeniewicz eds., Praeger, 1994.

こちらは商品連鎖の本です。

⑨ *Geographies of Commodity Chains*, A. Hughes and S. Reimer eds., Routledge, 2004.

商品連鎖の地理学をアピールした本、イギリスの若手（といってももう四十代か）の女性地理学者が中心になってまとめた本。

〈フードネットワーク論（FN）〉

⑩ *From Farming to Biotechnology: A Theory of Agro-industrial Development*, D. Goodman, B. Sorj and J. Wilkinson, Basil Blackwell, 1987.

⑪ "Making Reconnections in Agro-food Geography: Alternative Systems of Food Provision," D. Watts, B. Ilbery and D. Maye, *Progress in Human Geography*, Vol, 29, 2005, pp. 22-40.

⑫ "Food Supply Chain Approaches: Exploring Their Role in Rural Development," T. Marsden, J. Banks and G. Bristow, *Sociologia Ruralis*, Vol. 40, 2000, pp. 424-438.

⑬ "From the Social to the Economic and Beyond?: A Relational Approach to the Historical Development of Danish Organic Food Networks," C. Kjeldsen and J. H. Ingemann, *Sociologia Ruralis*,Vol. 49, 2009, pp. 151-171.

⑭ *Food, Globalization and Sustainability*, P. Oosterveer and D. Sonnenfeld, Routledge, 2012.

もちろんFR、CC／GCC、FN以外にも多くの議論・潮流があります。ここでは書ききれませんが、以下に要領よくまとめてあります。

⑮「食料の地理学における新しい理論的潮流——日本に関する展望」荒木一視・高橋誠・後藤拓也・池田真志・岩間信之・伊賀聖屋・立見淳哉・池口明子、『E-journal GEO』第二巻、二〇〇七年、四三-五九頁。

⑯「商品連鎖と地理学——理論的検討」荒木一視、『人文地理』第五九巻第二号、二〇〇七年、一五一-一七一頁。

〈貧困と食料〉

⑰『フードデザート問題——無縁社会が生む「食の砂漠」』岩間信之編、農林統計協会、二〇一一年。

デザートといっても食後のデザートではありません。食の砂漠という意味です。飽食といわれる先進国の都市のなかに巣くう食の問題でもあります。はたして私たちはおいしいものを腹いっぱい食べられているのでしょうか。飽食を享受した都市の行く末かもしれません。

〈世界を覆うファストフードと食文化〉

⑱『マクドナルド化する社会』ジョージ・リッツア著、正岡寛司監訳、早稲田大学出版部、一九九九年。

一九九〇年代後半から議論されたマクドナルド化（McDonaldization）を日本に紹介した本。マクドナルドに代表される効率的なサービスの問題が提起されるわけですが、J・ワトソン編『マクドナルドはグローバルか――東アジアのファーストフード』（前川啓治ほか訳、新曜社、二〇〇三年）とあわせての読書をお勧めします。前者はご存じのようにマクドナルド化がローカルな文脈を喰ってしまうというスタンスですが、後者は逆にローカルな文脈がマクドナルドを喰っている、という見立てです。

〈食料生産と国家政策〉

⑲『貧困と飢饉』アマルティア・セン著、黒崎卓・山崎幸治訳、岩波書店、二〇〇〇年。

いわずと知れたセンの著作です。これ以外にも『自由と経済開発』（日本経済新聞社、二〇〇〇年）など多くの邦訳が出ています。食料の量そのものよりもそれをとりまく社会の仕組みに留意しながら読んでほしい本です。

〈地域ブランドの先にある地域振興〉

⑳『フードシステムの空間構造論——グローバル化の中の農産物産地振興』高柳長直、筑波書房、二〇〇六年。

第4章ではグローバルとかローカルとかの文脈に着目していますが、グローバルの文脈とローカルのそれが別に存在しているわけではありません。それはリンクしているのだという注記もしましたが、たとえばこの本のようにつなげて考えることができます。普通につながるでしょ。

【読書案内——もっと食べたい人のために】

〈食料研究の教科書〉

㉑『農業と食料のグローバル化——コロンブスからコナグラへ』アレッサンドロ・ボナンノほか著、上野重義・杉山道雄訳、筑波書房、一九九九年。

タイトルどおり農業と食料のグローバル化について、大局的に同時に具体的なデータも示しながら要領よくまとめた好著です。

〈食料の歴史とその不均等な分布〉

㉒『食物と歴史』レイ・タナヒル著、小野村正敏訳、評論社、一九八〇年。

正当派の食べものの歴史本。

㉓『緑の世界史』(上・下)クライブ・ポンティング著、石弘之・京都大学環境史研究会訳、朝日選書、一九九四年。

すでに古典的名著(?)といえるかもしれません。「ナントカの世界史」という本がたくさん出てますけれどそれらのご先祖様にして、いまだこのスケールを超える「世界史」本は出ていない。環境との関係から人類史を読み解いていきます。それはまた、人類が食料を獲得してきた歴史でもあります。

㉔『なぜ豊かな国と貧しい国が生まれたのか』ロバート・C・アレン著、グローバル経済史研究会訳、NTT出版、二〇一二年。

グローバルヒストリーやグローバル経済史などといわれる分野では食料をどう確保するのかというのが大きなテーマです。

㉕『父が子に語る世界歴史』(全八巻)ジャワハルラル・ネルー著、大山聰訳、みすず書房、二〇〇二~〇三年(ロングセラーです。現行のこの版の前にみすず書房の一九六五~六六年版

（全六巻）があり、その前には日本評論新社の一九五四年版（全六巻）があります）。

ネルーが娘インディラに獄中から書き送った二年分の手紙でできています。「神は細部に宿る」といいますが、けっして細部にのみ宿るわけではありません。大局を見通すことができるのもまた神です。平易な言葉と圧倒的なボリュームをもったこの本から私が感じたのは、大切なことは歴史的事実の重箱の隅をつつくことよりも、それらをつなぎ合わせてどのような全体像を描くのかということです。一九三〇年代にインドから世界をこうみていた、これだけ見通していたということに驚きを隠せません。緑の世界史もフードレジームも世界システムも彼はすでにわかっていたと思うのは私だけでしょうか。小難しい話ばかりで、みんなが毎日おいしいものを腹いっぱい食べることとの歴史が語られないのは歴史ではない！　とはいいすぎでしょうか。でもこの本ではきちんとふまえられています。あと娘とインドへの愛情もたっぷりです。

個別の食べ物の歴史を取り上げた本もたくさんありますが、ここではとりあえず以下の三つを紹介します。

㉖『コーヒーの歴史』マーク・ペンダーグラスト著、樋口幸子訳、河出書房新社、二〇〇二年。

五百頁を超える大冊。コーヒー好きはどうぞ。

㉗『インドカレー伝』リジー・コリンガム著、東郷えりか訳、河出書房新社、二〇〇六年。

カレー好きはどうぞ。

㉘『バナナの世界史――歴史を変えた果物の数奇な運命』ダン・コッペル著、黒川由美訳、太田出版、二〇一一年。

バナナも好きです。

いずれにしてもこれら本来熱帯の食物が、日常的に私たちの胃袋に入ってくることになんの疑いももたなくなった裏側には、フードチェーンをつくりあげ、支配し、権力を、富を手にしようとした人たちの、あるいは彼らに翻弄された人たちの歴史があったのです。

㉙『食糧の帝国――食物が決定づけた文明の勃興と崩壊』エヴァン・D・G・フレイザー／アンドリュー・リマス著、藤井美佐子訳、太田出版、二〇一三年。

この手の類の本もたくさんあります。そのまま鵜呑みにするのではなく、ぜひ批判的視点をもって読んでもらいたいと思います。でもまず読んでみないとはじまりません。

〈食料から歴史を読み解く〉

㉚『カブラの冬――第一次世界大戦期ドイツの飢饉と民衆』藤原辰史、人文書院、二〇一一年。

第一次世界大戦期のドイツの飢饉とその後のナチスの社会政策や農業政策が論じられます。安定した食料の供給とナチスの台頭を関係づけてとらえるのは興味深い。同じ筆者の『ナチスのキッチン――「食べること」の環境史』（水声社、二〇一二年）、『稲の大東亜共栄圏――帝国日本の〈緑の革命〉』（吉川弘文館、二〇一二年）もあわせてお勧めです。また、共著書の『食の共同体――動員から連帯へ』（ナカニシヤ出版、二〇〇八年）も。

〈食料から現代世界を読み解く〉

㉛『おいしいコーヒーの経済論――「キリマンジャロ」の苦い現実』辻村英之、太田出版、二〇〇九年。

おいしいコーヒーの苦い現実。毎日飲んでいるコーヒーのフードチェーンをたどっていくと……。映画『おいしいコーヒーの真実』、同じ著者の『コーヒーと南北問題――「キリマンジャロ」のフードシステム』（日本経済評論社、二〇〇五年）もあわせてどうぞ。

㉜ *Agrarian Dreams: The Paradox of Organic Farming in California*, J. Guthman, University of

California press, 2004.

フェアトレードやエシカルトレードの裏側です。フェアトレードとか、エシカルトレードとかあるいは環境に優しい、といわれるとそれを疑うことなく正しいおこないだと受け入れていませんか。あなたは人がよすぎます。そうした言葉は自分を偉くみせたいだけの人たちが多用する言葉であったりもします。あるいはそれらに対する追従がかえって事態を悪化させるほうに加担していたりします。うわべだけではなくしっかり勉強してから本物の活動に取り組んでください。

㉝『貧乏人の経済学――もういちど貧困問題を根っこから考える』A・V・バナジー／E・デュフロ著、山形浩生訳、みすず書房、二〇一二年。

食料が直接のテーマではありませんが、貧困も食料と密接に結びつく問題です。この本の重要な点は貧困問題に対するある答えがずばり書かれていることです。市場か政府かという議論は貧困を解決しないということです。貧困を解決するのは個別のケースに最適のアプローチを見つけることです。同じことが食料問題についても広範にあてはまります。

㉞『ラーメンと愛国』速水健朗、講談社現代新書、二〇一一年。

みんなの好きなラーメン。こんなふうに読み解くこともできます。軽いけど深いよ。

〈食料の質とは〉

㉟『フードファディズム――メディアに惑わされない食生活』高橋久仁子、中央法規、二〇〇七年。

食べ物や栄養が健康や病気に与える影響を過大に評価したり信じたりすることをフードファディズムといいます。バナナがいいといえばバナナが売り切れ、納豆がいいというと納豆が売り切れ、こういう状況のことです。あなたは食品情報に振りまわされていませんか?

㊱『「バーモントカレー」と「ポッキー」――食品産業マーケティングの深層』岸本裕一・青谷実知代、農林統計協会、二〇〇〇年。

食品にかかわるイメージ戦略、ブランドの話。食品におけるブランドはけっして高級とか希少性によるものでもありません。親しみやすさというのも大きな意味をもちます。なぜかはもうわかりますね。

㊲『高杉さん家のおべんとう』柳原望、メディアファクトリー、二〇〇九年〜(既刊七巻)。

結局、食料の質とはそれをつくる人と食べる人の信頼関係なのかもしれません。地理学教室が舞台のコミックです。

〈大量生産される食の問題〉

この手の本はたくさん出ていますが、とりあえず以下の三つ四つあたりで。

㊳『デブの帝国――いかにしてアメリカは肥満大国となったのか』グレッグ・クライツァー著、竹迫仁子訳、バジリコ、二〇〇三年。
㊴『ファストフードが世界を食いつくす』エリック・シュローサー著、楡井浩一訳、草思社、二〇〇一年。
㊵『おいしいハンバーガーのこわい話』エリック・シュローサー／チャールズ・ウィルソン著、宇丹貴代実訳、草思社、二〇〇七年。
㊶『危ない食卓――スーパーマーケットはお好き？』フェリシティ・ローレンス著、矢野真千子訳、河出書房新社、二〇〇五年。

ほかにもＤＶＤで手に入る映像作品として『いのちの食べ方』『おいしいコーヒーの真実』『KING CORN――世界を作る魔法の一粒』『フードインク』などがあります。

謝辞と執筆者紹介

今般、本書の刊行にあたっては、多くの人たちからお力添えをいただいた。企画が動き出したのはナカニシヤ出版の中西良様に相談したのがきっかけである。また、直接編集を担当いただいた酒井敏行様、遠藤詩織様には急な企画にもかかわらずご尽力をいただいた。本書刊行の機会をいただいたこととあわせてお礼申しあげます。校正の際には山口大学教育学部三年の檀上貴美さんにお手伝いいいただいた。挿絵は娘の詩乃が教科書やノートの落書きよろしく描いたものである。そのほか個々にお名前をあげられないけれども、陰ながらこの本を支えてくれた多くの人たちにもこの場を借りて感謝申しあげます。

食料の地理学の入門書・教科書をつくりたいというのは、荒木が以前から温めていた企画であった。意気に感じて参加してくれたのが、古い友人である二人のT氏、それから二人のT氏の教え子のI氏とK氏であった。彼らに足りないところを補ってもらいつつ、できあがったのが本書である。簡単に執筆者の紹介をしておきたい。

荒木一視（あらき ひとし）
山口大学教授 編者、第1～3章、第4章A1・2、B4～6、終章担当
主要著作 （単著）フードシステムの地理学的研究（大明堂）
アジアの青果物卸売市場（農林統計協会）
（編著）モンスーンアジアのフードと風土（明石書店）

高橋 誠（たかはし まこと）
名古屋大学教授 第4章B7担当
主要著作 （単著）近郊農村の地域社会変動（古今書院）
（共著）大津波を生き抜く——スマトラ地震津波の体験に学ぶ（明石書店）

高柳長直（たかやなぎ ながただ）
東京農業大学教授 第4章B8担当
主要著作 （単著）フードシステムの空間構造論（筑波書房）
（共編著）グローバル化に対抗する農林水産業（農林統計出版）

伊賀聖屋（いが　まさや）
名古屋大学准教授　第4章A3担当
主要著作　（単著）清酒供給体系における酒造業者と酒米生産者の提携関係（地理学評論）
（共著）自然の社会地理（海青社）

今野絵奈（こんの　えな）
株式会社グーン　ブルーエコノミー研究所　チーフ　第4章B9担当
主要著作　（単著）都市近郊における養豚業の排せつ物処理と堆肥の流通（経済地理学年報）
（単著）家畜排せつ物の委託処理による耕畜連携の優位性と処理施設の存立条件（農村研究）

食料の地理学の小さな教科書

2013 年 10 月 25 日　初版第 1 刷発行　（定価はカバーに表示してあります）
2024 年 10 月 15 日　初版第 4 刷発行

編　者　荒木一視
発行者　中西健夫
発行所　株式会社ナカニシヤ出版
〒 606-8161　京都市左京区一乗寺木ノ本町 15 番地
TEL 075-723-0111　FAX 075-723-0095
http://www.nakanishiya.co.jp/

装幀＝白沢正
印刷・製本＝亜細亜印刷

Printed in Japan.　ISBN978-4-7795-0793-9　C0025

小学生に教える「地理」
――先生のための最低限ガイド

荒木一視・川田力・西岡尚也 著

地理の考え方・面白さを子どもに伝えるために必要なものとは。地理教育の意味、地域学習でのポイント、教科書や地図活用の注意点などを解説。親と教師と、教師をめざす人に贈る明解テキスト。

一五七五円

食の共同体
――動員から連帯へ

池上甲一・岩崎正弥・原山浩介・藤原辰史 著

近代日本やナチによる食を通じた動員、有機農業運動の夢と挫折、食育基本法による「食育運動」の展開分析などから、資本と国家による食の管理に対抗する「食の連帯」の可能性を探る。

二六二五円

食と農のいま

池上甲一・原山浩介 編

農業を支える低賃金労働の問題から遺伝子組換え、TPP、フード・ポリティクス、世界に広がるTEIKEI運動など、さまざまなトピックをもとに、日本と世界の食と農の現状を読み解く。

三一五〇円

社会的なもののために

市野川容孝・宇城輝人 編

「社会的なもの」の理念とは何であったのか。そして何でありうるのか。歴史と地域を横断しながら、その可能性を正負両面を含めて根底から問う白熱の討議。新しい連帯の構築のために。

二九四〇円

表示は二〇一三年一〇月現在の税込価格です。